曾 文◎著

读懂你的老板

想赢得老板赏识，先读懂老板心思

中国财政经济出版社

图书在版编目（CIP）数据

读懂你的老板 / 曾文著. —北京：中国财政经济出版社，2014.1
（企业成长力书架）
ISBN 978-7-5095-4984-1

Ⅰ.①读… Ⅱ. ①曾… Ⅲ.①成功心理 – 通俗读物Ⅳ.①B848.4-49

中国版本图书馆CIP数据核字（2013）第286905号

责任编辑：杨　云 钱琪然　　　　责任印制：刘春年
责任校对：张　凡　　　　装帧设计：盛世纳唐文化传媒

中国财政经济出版社出版
URL：http//www.cfeph.cn
E-mail：cfeph@cfeph.cn

社址：北京市海淀区阜成路甲 28 号　邮政编码：100142
营销中心电话：010-88190406　北京财经书店电话：010-64033436
北京富生印刷厂印刷　各地新华书店经销
787×1092 毫米　16 开　16.25 印张　200 000 字
2014 年 3 月第 1 版　2014 年 3 月北京第 1 次印刷
定价：35.00 元
ISBN 978-7-5095-4984-1 / B · 0018
（图书出现印装问题，本社负责调换）
本社质量投诉电话：010-88190744
反盗版举报热线：88190492　88190446

QIYE CHENGZHANGLI SHUJIA

企业成长力书架

编委会

序 言

读懂老板有多难？

在开启本书阅读之旅前，请扪心自问：

为什么你得不到老板的信任？

为什么你的同事能力不及你一半却屡次受老板表扬？

为什么开会时你完全看不懂老板手势隐藏的深层含义？

为什么你在与老板对话时总是读不懂他的内心？

为什么你不能让吹毛求疵的老板感到放心？

……

人在职场，身不由己。对于职业经理人来说，老板就是他们最大的客户，也是第一个客户。如果连老板的心思都不明白、读不懂，那么他们的工作是很难开展的。中国人在工作生活中都比较含蓄，老板对下属的要求也是一个“悟”字。“悟”从字形结构来解释，就是你要知道我的心。但似乎大部分员工都有一个困惑：老板的真心很难读懂！更有甚者总结了一句话形容自己复杂的心情——老板心，海底针，让你既摸不透也猜不到。

遥看历史，众所周知和珅是个贪官，睿智的君主乾隆也不可能不知道。很多人不解，既然如此，为何乾隆还要重用和珅呢？

有人说这要归功于和珅“拍马屁”的功力。没错，他善于献媚，但换个角度来看，为何他的献媚就能赢得乾隆欢心呢？因为和珅懂得乾隆的心思，知道如何迎合自己的“老板”才会既不惹怒他，又显得真诚。从人性上说，每个人都喜欢他人恰到好处地顺从与逢迎，从而满足内心的优越感与虚荣心，再睿智、聪明的人也不例外。

回到现在，摆在眼前的现实是：身为员工，心中每天想到最多的人便是老板，每天工作时面对最多的也是老板。这是由老板与员工的关系决定的。从员工的角度看，老板是自己的职业生涯中极为重要的人——老板有为员工加薪及决定员工去留的直接权力。如果没有处理好同上司的关系，就会影响职业发展。相反，融洽的上下级关系会令员工信心倍增、得心应手，但想要做到这一点，也不是件容易的事情。只有读懂你的老板，才能掌握他的性格特征，营造默契的工作关系。

所以不要轻视你的老板，不要因为他们的学历、出身、背景等条件中有某方面不如你，而存轻慢之心。轻则冠之以“洗脚上田”的乡下佬不懂业务，重则让其背一个“为富不仁者”称号。作为职业经理人，既来之，则应信任老板，而信任的基础在于了解老板、读懂老板。

知己知彼，百战不殆。如果员工可以像钻研客户、业务一样，解读自己的老板，就会发现他们的“性格密码”。通过细微的观察，充分掌握老板的处事风格与工作习惯，并总结注意事项，做到不触犯老板的“禁地”，同时形成“互补”的性格。

员工应当意识到，每个老板的心中都有“一亩三分田”。应该了解在这块田地中，存在哪些东西。作为职场人，了解老板，并不是为了玩弄权术，而是为自己创造更好的环境，以便赢得老板的青睐。这些都有助于员工的职业发展。

老板如何打理心中的“一亩三分田”，是下属最关心的，虽然无法随时掌控老板的动向，但可以通过分析其性格，获得一点思路。

常听到不少员工问：“我的老板究竟是个什么样的人？”“我应当如何与老板相处？”

当你被这些问题困扰的时候，说明还没有真正读懂老板，没有看清老板心中的那“一亩三分田”，到底是什么样子，老板不会主动告诉你：“我有很强的决策力。”“我欣赏聪明的员工。”需要你主动去老板的心中的那亩田看看，这些问题就能很容易地解决了。

本书正是从上述问题入手，指导想要读懂老板的员工找到适合自己的，详细、精彩的学习方法。每一小节都配有案例，或列举工作中员工对老板的误解，及时纠正观点；或展示员工如何摸清老板性格的过程，借他山之石而可以攻玉。通过这些案例，读者可以找到自己需要的方法，并通过合理分析，得到其背后蕴藏的规律，从而真正读懂老板，从而早日获得老板的青睐。

另外，本书语言贴近生活，案例贴近工作，读者可以更好地理解这些方法，争取尽快运用。本书论述针对性强，内容全面，相信能够通过阅读找到理想的答案。

此为序。教学上有“因材施教”，管理上有“因人施管”，沟通上讲究“因人因时因地沟通”，在与老板内心平等对话时，上述原理一样可以运用。无论你的老板多么“有个性”，都可以从这本书中找到读懂老板内心的实用方法，从而为你的职场之路添砖加瓦。

这是我所希望的，想必也是各位想要实现的。

作 者

2013 年 12 月于广州燕塘

目录
CONTENTS

Chapter5. 老板并不完美

——摆正心态善待你的“问题老板”

Chapter6. 看老板“眼色”行事

——投其所好给老板真正想要的结果

Chapter7. 像老板一样去思考

——感同身受站在老板的立场看问题

Chapter 1.

老板到底想什么？

——潜入老板的内心世界洞察细节

练就洞察之力，潜入老板心底

怎样才能避免犯一些低级错误、赢得老板的青睐呢？首先要练就的是洞察力。

但对于那些不善于和老板打交道，尤其是初入职场的菜鸟而言，想要练就洞察之力、潜入老板心底并非易事。

面试时，老板通常会问："你能否灵活应对工作中的问题？"其实这种问题并不能直接判断出面试者是否具备灵活应对问题的能力，老板想要传达的讯息是希望你可以灵活应对以后的工作。当你接收到这一讯息后，想要应聘成功的人都不会说自己是个有原则、有坚持的人，这是你在面试初期应具备的洞察力——根据老板需要，改变自己的策略。

俗话说得好，成功不是因为正确决定多，而是因为错误犯得少。如何才能降低犯错的概率？这自然得归功于敏锐的洞察力。察言观色不代表卑躬屈膝，职场上的察言观色恰恰说明你是一个好员工，懂得为老板解决烦恼，这样的人何愁没有出路？

凌峰和王宁两人是同一职位的新人，试用期过后老板只会留一个人。因此试用期的最后一个月里，二人都在暗地里较劲，毕竟能留在一个全国五百强的企业的机会并不是每一个毕业生都能够把握住的。

作为男生，王宁自然有什么脏活累活都抢着干，这一点让凌峰非常鄙视。凌峰也并不是那种清高的女孩子，只是觉得王宁没必要这样鞍前马后地为老板跑上跑下。老板安排的工作，凌峰每次也都一丝不苟地完成，她觉得在规定的时间内将自己分内的工作做好就足够了，像王宁那样早上提前半小时，晚上加班半小时，是因为他自己没有能力按时完成工作。

同样一份调查问卷，老板同时布置给他们两个人，嘱咐两人认真做好这项调查，因为这份调查报告会在组里一个参赛项目中作为辅助资料出现。凌峰的调查报告做得十分精美，一看便知道花了心思设计；而王宁的调查报告外观十分普通，但是内容却很丰富。所有的数据都是经过查阅和验证，并通过多个表格、柱状图、扇形图来直观地表达，调查报告后面还附有详细的资料来源。相比之下凌峰的调查报告虽然精美，却空洞至极。

试用期结束以后，王宁理所当然地被留了下来。

王宁的早出晚归在凌峰看来只是他的能力不够，或者说是想要在老板面前表现自己。然而实际上，王宁只是在尽力地完成老板交代的任务。因为他清楚地知道，老板说这个调查报告是作为组里的参赛项目的一部分，那必定是十分重要的，不能够马虎对待。

在老板的嘱咐里，王宁深切地领悟到一层意思：这个调查报告的质量不仅影响组里的参赛结果，而且也关系到自己的去留。如此重要的调查报告，王宁又怎能不起早贪黑地深入调查呢？况且看到凌峰胸有成竹的样子便知道，她深信自己的能力在王宁之上，如果不比她多付出一份努力的话，如何能够争取到留在这里的机会？

同时，凌峰的成竹在胸并不是因为轻视王宁的能力，而是凌峰自认为自己很适合这份工作。作为女孩子，凌峰比王宁细心很多，也格外认真。她虽然没能够跟王宁一样分析出老板让做这份调查报告的深层含义，但是也知道十分重要，并未马虎行事，也同样认真对待这项工作了。

可见，同样是做一件事，谁能读懂老板心，给老板想要的结果，谁就能争取到更多机会。只要你足够细心，在现实职场中想要做到这一点并不难。

1. 老板交代任务时，学会听重点

老板的讲话通常让职场新人头痛，冗长的会议让初入职场的菜鸟频频走神，本以为开会是件轻松的事情，殊不知高成本的会议并不是那么轻松。因此，经常出现这种情况，一场会议下来，菜鸟们完全读不懂老板的重点是什么，是开源还是节流？是提高效率还是缩短时间？

如果老板知道你的感受必然会生气，毕竟开会也是一项高成本的支出，而在你这里完全没有得到收益。因此，要学会听老板的讲话重点，这也是“察言观色”的“察言”部分。当你将整个会议的重点记录下来以后，你就会发现这场会议开得是否重要，重点又在哪里。

2. 通过老板的神情，洞察他的内心

很多人害怕自己的做法没有得到老板的认同，实际上，老板对你的做法是否满意，可以从他的神情中看出来。我常对学员说：“不要闷头做事，这只会令你看不见前方的路。”想要赢得老板的认可，你就必须随时洞察他的内心世界。

例如，你在向老板汇报工作的时候，要注意对方的表情，如果老板本来和颜悦色的脸突然阴沉下来，说明老板内心的情绪正在发生改变。这时候，应当及时改变说话策略。

日常工作中，如果你留心观察老板情绪上的变化，时间久了，就可以掌握他的性格特征，正所谓“知己知彼，百战不殆”。当他出现某种神态的时候，意味着要做哪些举动，这些你都了解了，就可以更好地管理自己

的言行。

3. 综合分析老板的言行，全方位定位你的老板

观察一个人，切忌出现片面性。想要全面了解老板，不妨在空闲的时候，对他的言行也进行综合分析。例如，早上老板批评了某位员工，并且用了非常严厉的态度，就说明这个老板很不近人情吗？你还要看他接下来的言行。下午的时候，该名员工不仅纠正了之前的错误，还总结出更科学的方法，老板就此当众表扬了他，并且给予了鼓励。结合后面的事情，可以判断老板做事“不对人”，如果看得太片面了，反而会影响你对老板的定位，会直接影响你与老板的沟通。

读心寄语

- 对你的老板不留痕迹地察言观色，不可过度溜须拍马。
- 成功细中取，富贵险中求。
- 肯低头的人，永远不会撞到矮门。
- 在你没有读懂老板之前，切记过分强调面子。

有奇怪想法一点也不奇怪

一般员工在看待老板时，总是会下意识地将其“神化”、“标准化”。

我们必须对老板有个更加客观的认识，老板并不是“神”。他们虽然站在比员工更高的层次，需要更多地从全局的角度去考虑问题，但他们偶尔也会有些个人化的想法，这些想法可能并不那么理性，显得有些奇怪。然而，老板有奇怪的想法，一点也不奇怪。事实上，很多员工之所以能力并不很高，却能得到高升，正是因为他们把握住了老板这些“奇怪的想法”。

当我们忽略老板作为公司领导者的角色，就会发现老板也是一个正常的人。因此，我们不能奢望老板对每件事都能理性地去处理。譬如，有的老板会让员工下班后去帮他接孩子回家，这种“加班”或许很奇怪，但员工如果能圆满地完成这一简单的任务，必然会在老板的心中有一个“加分”。员工应该认识到“老板可能现在很忙”，说不定老板此刻正需要“帮助”或需要“员工做得更好”。

能够抓住老板奇怪想法的员工，就可能被老板视为“知己”，而在事业上走得更远。

武汉有一家 IT 企业老板的想法真正的是“另类”，他要求员工“必须会玩英雄联盟等大型游戏”，并在工作时间中穿插“游戏时间”。

张进是这家企业的一个“新生”，他其实游戏玩得并不好，在英雄联盟中的水平也只是一般。然而，张进在进入这家公司后，并没有努力提高自己的游戏水平，像老板说的那样“上班时间玩网游，80后、90后就该这样工作”，而是注意自己“游戏素质”的提升，不谩骂队友，尽力帮助队友，不中途退出游戏，不作弊。

张进在每次游戏结束后，都会和同事简单地交流游戏心得：这局游戏哪里有失误，哪方面做得好，该怎么提升。在这之后，张进就会迅速进入工作状态，完成当天的工作任务，直到下次游戏时间的到来。

但有的同事则不同，他们每次游戏时，都会点上一根香烟，进入游戏后“顺风”就骄傲自大，脱离团队；“逆风”就谩骂队友，甚至直接强制退出。游戏结束后，有的同事比较“老实”，会直接去做自己的工作，有的同事在经验总结完后还会上网查询攻略，有的同事趁着老板不在还会再玩一局。

就这样，一个月后，张进就转为正式员工了。又过了两个月，张进已经当上了一个小组长，其他的员工则有的被调岗，有的被辞退。

公司要发展，老板自然不会是真的让员工进来玩游戏，即使是网游公司的老板也不会这么“疯狂”。老板看似“疯狂”的行为背后一定有他的意图。

那么，老板到底为什么会有这样奇怪的想法呢？张进发现老板推荐员工玩的都是一些团队竞技游戏，这些游戏都有一个共性，那就是对游戏者的团队意识有极高的要求。张进知道，老板并不只是为了让员工玩游戏放松心情，或是以这样的工作环境吸引更多的年轻人才，而是把游戏当作一种考核，所谓的“游戏时间”其实就是“考核时间”。

张进的猜测并没有错，老板之所以会有这样奇怪的想法，其立足点并不奇怪，仍然是为了提高员工的团队意识，并想对员工的职业素养、计算能力、学习能力等有所考察。正因如此，张进才在这样在公司中发展迅速。

老板有奇怪的想法并不奇怪，我们要做的就是，透过其“奇怪的”表面，抓住老板的真正需求，从而获得更好发展。

1. 老板有奇怪的想法时，要理解老板的真实需求

老板在管理员工时，总会有一些奇怪的想法。如果不能了解老板的真实需求，我们只会在一种误解中渐行渐远。例如，在上面的案例中，老板不是真的想让员工都成为游戏高手，毕竟老板不是做“游戏战队”的，老板的目的是在游戏的过程中考察员工的团队协作能力。

对于老板而言，如果员工单纯地将游戏当作老板给的休闲福利，或是希望提高游戏能力来取得老板的认可，“游戏时间”就成了人工成本的浪费，而不能给予老板回报的员工不可能有好的发展。

2. 不要刻意去揣摩老板的意图

有一点我们必须明确，老板发我们薪水，就是为了获得相应的劳动付出。如果能给予老板相应的甚至超额的回报，我们就自然而然会获得提升。但刻意地去揣摩老板的意图，反而会让自己整天围着老板转，最后成了只会逢迎拍马的“跳梁小丑”。

我们经常会看到有的员工为了老板的某个想法而“硬着头皮去做”，有的则想从老板想法的“漏洞”占些小便宜，这些做法反而会让我们迷失在老板的想法中，最终一事无成。

3. 每个老板都有防范心理，在老板面前要保持低调

一般情况下，老板有奇怪的想法只是因为不想让员工摸清自己的套路，从而达到震慑员工的效果。很多老板虽然口口声声说着“公司就是我

们的家，你们就是我的亲人”之类的话，但实际上还是不能将员工当作自己人，防范心理很强。

这时候，员工需要做的是不要跟老板争风头，不要过分突显自己的才能，而应该让老板有充分的发挥空间。一旦过分彰显自己的才能就会让老板有一种功高盖主的危机感，很容易被当成反面教材遭打压，那你在公司的状况就岌岌可危了。

4. 即使暂时不理解老板的奇思妙想，也要坚决和老板站在同一战线

或许很多人不能够理解老板从哪里产生这么多奇怪的想法，或许你也不能够理解老板究竟想干什么，但这些都不要紧，你只要清楚老板想要表达的意思，时刻和老板站在同一战线就对了。

很多时候，那些被当作反面教材的人物不是真的哪里做得不好，或者哪里出了纰漏，只是因为他们站在了老板的对立面。且不说跟老板站在对立面对你有什么好处，单单考虑自己的职业生涯，为什么要早早断送在这里？在你看清老板的奇怪想法之前，你就知道老板是这样一位心思异于常人的老板，何苦还要挑战他的底线？

读心寄语

- 不要因为老板奇怪的想法感到惊奇。
- 老板追求的永远是最大的成本回报率。
- 知己知彼，百战不殆。
- 老板的奇怪想法总是有原因的，只是他不需要跟你解释。
- 站在老板的对立面，并不会为自己加分，只会让老板对你产生反感。

为什么老板大多是爱车族

为什么老板大多是爱车族？简单来说，汽车作为老板们的代步工具，代表的是他的财力、面子和地位。通常情况下，没有人会自己砸自己的脸，老板爱车自然也是这个道理。

大家都会说的一句话是“什么样儿的人开什么样儿的车”。人们买车的时候也会一再强调要符合自己的身份，这样开车出去的话，面子、里子都有了。交通工具在不同的时代都是身份的象征，就好比在封建社会时期的轿子，同样是代步工具，有四人轿、八人轿、十六人轿、三十二人轿，这是古代人身份的象征。而社会发展到今天，汽车恰恰承担了这样一个重要角色。

一个人的身份，既可以通过收入、社会地位等条件看出来，也可以通过爱好、品味等方面折射出来。这是将抽象的事物具体化的一个过程，也是提升个人气质的重要途径。而且，很多老板通过他们的爱车，扩大了自己的交际圈，找到了一群志同道合的朋友，这对他们的事业发展也是大有裨益的。

爱汽车自然是因为汽车能满足老板的某种需求：可能是为了出行方便，可能是将车作为一种炫耀，可能只是因为其他的老板都买了车……每个老板对于汽车又有不同的喜好：有的喜欢吉普车，有的只要进口不要国产，有的追求节油性能好的……

不论老板为什么喜欢汽车，但既然是一种爱好，它就能成为我们读懂老板的一个突破口。每个人的爱好都是其性格特征的一种体现，汽车是一种“高成本”的爱好，一般而言，老板在做出决定之前都会经过“深思熟虑”。

因此，从汽车的特性中，我们就能看出老板的性格特征。将之推广到工作中去后，我们就能更容易地读懂老板的每一个决定。

郑鑫曾经做过汽车销售，在他转行后，他的新老板正好要买车，就让他推荐几款四十万元左右的车。

郑鑫选择了这样几款车：路虎的神行者、一汽奥迪的A6L、上海通用的别克GL8以及MINI。这几款车都有着鲜明的差异：神行者外型大方、有个性，但费油；A6L则中规中矩，各方面性能都一般；别克GL8作为一辆商务车更能满足老板的商务需求；MINI性价比高，也很时尚，但车型小。

最后老板选择了路虎的神行者，买了之后也十分喜欢。在这次买车的过程中，老板看到郑鑫对车非常了解，推荐的车性价比也非常高，而且很能契合到自己的需要。老板对郑鑫大加赞赏，郑鑫也感觉得到了极大的鼓励。

从此，郑鑫在工作中充满干劲，即使工作遇到什么困难，也会争取自己解决问题，以达到预期目标。郑鑫成为了公司中最有激情的员工，而且在每次会议上都会主动表明自己的想法，或是提出自己的建议，并在公司内做些力所能及的事。郑鑫就这样一步步发展成为了公司的销售主管。

相比公司的老员工而言，郑鑫在能力上并没有什么太突出的地方，但他主动、热情的工作态度却深受老板的喜欢。郑鑫之所以能投其所好，正是从老板对汽车的选择中看出了老板的性格特点。

路虎神行者作为一辆SUV，运动性和多用途是其主要特征。老板喜欢这种车，必然也更喜欢富有激情、多技能的员工。郑鑫正是看出了这点，才没有仅仅是安稳地完成每个月的销售任务，而是努力表现突出，以显示自己的能力。

但如果老板选了中规中矩的奥迪 A6L，郑鑫说不定会更多地表现出自己稳重、踏实的一面，成为老板心目中一个稳重的员工。所以，既然老板爱车，我们就应该从中了解老板的爱好，从而投其所好。

再举个简单的例子：

安迪是一家汽车装饰公司的老板，自己本身也是一名爱车族，经常在网上的汽车论坛和一群同样爱车的朋友交流经验，而论坛上的人也基本是一些玩车的行家。安迪靠着自己的专业能力，在这里如鱼得水地为大家解决各种汽车问题，并逐渐赢得大家的信任。

这样的热心服务，很快就聚集了一圈经常访问该论坛的网友。后来大家要给汽车做装饰都到安迪的店里去，一来二去大家也成了好朋友，安迪可谓是友谊和事业双丰收。连安迪自己也没有想到，对车的钟爱本来只是一个个人的爱好，给自己带来利润的同时，还带来了许多志同道合的老板。

现如今，安迪在这个老板车友圈中已经发展了很多客户，对于各个老板而言，这也成为一个社交圈，很多老板在这里发展了合作伙伴，这是他们交流爱车经验之前所没有想到的。很多老板也会定期地参加圈里的聚会，三五结伴地开车出去玩、侃大山，这成为他们最好的休闲活动。当然，说得最多的还是他们的爱车。

在安迪看来，他的成功是偶然，但是我之所以将这个案例讲给大家听，是因为我认为这个偶然中存在着必然。

在众多的汽车品牌和款式中，每辆车都有自己的位置，只是一个明码标价的过程，不存在任何商量的余地。每辆车在众多汽车中的身价、位置就相当于每个人在社会中的地位一样，在行家看来，这都是显而易见的事情。

老板对汽车的重视，正是由于他清楚地认识到车代表着他的身份，他不得不对这样一个身份的象征，做出慎重的选择。也正是因为如此，汽车的品牌选择成为一种规律，有人会说开某品牌车的人都是暴发户，开某品牌车的人都是领导，这种规律已经深深地融入到汽车文化之中。

因此，大多数的老板爱车也是基于身份的一种考量。

1. 老板多为爱车族，我们要对汽车有些了解

要通过汽车看出老板的性格特点，自然要对汽车有必要的了解。

如果你对汽车的了解还停留在只能认出车标的程度，或者你只了解自己喜欢的车型，那么，你就需要去“充充电”了。我们必须去了解老板喜欢什么类型的车，再去了解这类型车的特点，从而对老板有更深入的认识。

2. 老板爱车的类型，只是我们读懂老板的一个参考

如果老板喜欢豪华型的车，说明这个老板对成就感有追求，希望得到别人的赞美；如果老板喜欢节油型的车，说明这个老板做事比较实在，注重实际的效益；如果老板考虑到经常出远门，就会买旅游型的车。

即使是买车，老板都会从很多方面去考虑，更何况在工作中，老板自然会努力变得更加理性。因此，当我们从老板对车的喜好读懂老板的某种性格特征时，仍然要根据具体情况，来对老板的决定有个更全面的分析。

3. 不要对老板的车品头论足

“老板开什么样的车”这一问题一直是办公室里热议的话题之一，但是作为一个员工如果自己的车比老板的车还要好的话，你该保持一个什么样的态度呢？不能趾高气扬地对老板的车不屑一顾，也不要对自己的爱车夸夸其谈，如果你想通过车来彰显自己比老板的身份还要尊贵的话，你还怎么会在老板手底下打工呢?

所以，不要对老板的车品头论足，你只要记住，那辆车也是你们老板的脸。老板的车并不是越贵越好，不要单纯地以价位来衡量车子的好坏、高低档次，还要考虑它的功能、用途、舒适度、外观等方面。这也是一个老板和一个暴发户的区别。

4. 老板真的不在意自己的车吗

很多老板表面上会说:“不就是一辆车吗? 我开车没那么多讲究。”他是真不在意自己的车吗? 不，他在意。你让他如何在众人面前承认自己的身份跟这辆车不相符? 他也只会在背后默默地准备换一辆车而已。

但是也不尽然，瑞典宜家公司的创始人英瓦尔·坎普拉德是福布斯富豪排行榜上的热门人物，他的收入按每分钟 3000 多美元来计算。但是就是这样一个大老板，他的车却是一辆十几年历史的老沃尔沃。据说，就连这辆老沃尔沃他都舍不得开，而是更喜欢坐公交车，因为公交车可以使用老年优惠卡。如此做派可确实是不在意自己的车，但是这样的人放眼望去又有几个呢?

很多爱车的人将自己的车视为自己的老婆，也许你的老板并没有爱车到这种程度，但是，可以肯定的是，一个漂亮的老婆更容易让他心花怒放，带出去跟朋友见面也会让他显得面子十足。但是如果是一个拿不出手的老婆，我想他压根就不想带着老婆去参加聚会吧! 老板在意自己的车也是这个道理。

5. 老板的车也许不止一辆

不要以为老板基于身份的考量会选择一辆与身份相符的车就满足了，他也可以将工作和生活分开。由于身份和工作等原因，老板无法完全按照自己的喜好选择爱车，但是工作之余，他完全可以开另一辆车来尽显生活本色，只要他不觉得麻烦。

所以，不要仅凭那辆公务用车就对老板的性格、喜好做定论，他也可能是迫于无奈，因为对外要树立一个稳重的形象，所以就需要开一辆某种类型的汽车。但是那辆生活用车才更能彰显他的生活态度和品味哦！

读心寄语

- 爱好是一个人的性格镜子。
- 老板爱什么车，我们就去了解什么车。
- 在具体情境中，结合客观实际情况。
- 老板爱车跟爱面子是一个道理。
- 老板的车是他身份的象征。
- 老板买车并不是越贵越好。
- 在你没有超越老板之前，不要妄图超越他车子的档次。

酒桌上探秘老板内心世界

俗话说得好，无酒不成席。

在中国的酒桌上，自有一套酒桌文化。你若不懂得中国的酒桌文化，那你是办不成事情的，这就好比一场比赛，如果你不懂得游戏规则，是无法取得比赛的胜利的。

之所以说中国的酒桌文化自成一系，是因为没有哪一个国家的酒桌文化能像中国的酒桌文化一样丰富多彩，很多事情成与不成都是在酒桌上见分晓的。比如，下属要升职，也许就是老板酒桌上一句话的事儿，但前提是你要让老板这顿饭吃得高兴。

酒桌上跟老板一起吃饭是一门学问，发挥得好的员工可以如鱼得水、平步青云，不懂得这门学问的员工就只能看着别人如鱼得水，自己除了眼馋，就只能被别人远远落在后面。这一节我们重点来介绍一下如何在酒桌上探秘老板的内心世界，如何在酒桌上赢得老板的信任，让自己的表现更出色。

于洋是电子科技公司市场部的销售总监，在他做销售代表的时候，业绩在整个部门也是数一数二的。那个时候，很多同事向他取经，他只是打着哈哈说："哪有什么经验，只不过运气好点儿罢了。"但实际上大家都清楚，这绝不是运气的事儿，其实于洋他自有一套"看家"本领。

于洋是老板的得力干将，老板去应酬的时候总爱带着他，为什么呢？是因为于洋能喝吗？当然不只是因为这一点，能喝的人多了去了，但是真正能喝还能把事情谈妥了才是真正的本事。

那是于洋来到公司第四个月的时候，刚过了试用期，老板和市场部两位同事要一起参加一个酒席，恰好其中一位同事老婆生孩子，便让于洋去顶替。其实那位老婆生孩子的同事是酒桌上的活跃分子，于洋想：他这一走总不能让老板挑大梁吧！于洋深知酒桌上切忌先谈业务上的事情，一切全在酒里，酒喝够了，业务也就谈成了。但是另一位同事，显然不擅长这一点，于洋瞥见老板略有不满的眼神，于是豁出去了，将老板的酒一担挑，着实喝得对方目瞪口呆。

这一圈下来，大家混熟了，话也可以敞开说了，于洋趁着酒劲，将这次的目的说了出来，他可没忘了自己是来干什么的，要不然这一肚子酒可就白喝了。在对方“好说好说”的应承下，于洋看看老板，不动声色地将剩下的任务交给老板，自己去了洗手间。

这次合同谈成以后，于洋跟老板的关系亲近了不少，按老板的话说是“于洋这小伙子心思细腻，脑子活泛，酒品也不错”，于洋自知重点是后面那句。在酒桌上，他看得出哪些人敬的酒老板会喝，哪些人敬的酒该自己替老板去挡，什么时候该代什么时候不该代，他能够摸透老板的心思，该说的话说，不该说的话不说。这样的员工，老板走到哪里可不都愿意带着。

于洋来这家公司不过短短一年的时间，已经由一个普通的销售做到了总监的位置，在没有后台的情况下，他的提升速度可真是奔着火箭速度去的。在他被老板作为酒席常客带在身边的时候，就是老板对于洋的肯定，说明老板要把他发展到自己的圈子里来，这也是千载难逢的好机会，最起码说明老板认可了你。

若说于洋全凭酒桌上的能力赢得了老板的信任，却也不尽然，关键还是他懂得看老板的眼色行事，揣摩对了老板的心思，这才是真正让老板喜欢他的地方。作为老板，不能什么话都说出来，得有一个察言观色的人，不用老板说便能按照老板的心意做出来，这才是深得老板喜爱的员工。

1. 懂得看老板的眼色行事

在酒桌上，这么多人围坐在一起，老板不可能明显地授意你去帮他代哪杯酒、不代哪杯酒，这就需要你去区分老板是否想喝这杯酒。不要指望你的老板在这么多人面前告诉你他想不想喝，这是你需要做的功课，如果你连这点都看不出来的话，他也就不必带你出来了。

那么如何分辨老板是否想喝这杯酒呢？那些出于场面上的应酬而敬的酒，就是你该出马的时候，这个时候记得一定要保护你的老板。如果连这种酒都要老板亲自上的话，那你老板的分量何在？

2. 敬酒时不能喧宾夺主

老板很多时候不是不能喝酒，也不一定是不胜酒力，只是有些时候那些酒不必喝，但不喝就是不给对方面子，喝了又实在犯不上，所以这个时候就需要你出马。

如果老板是真的不胜酒力，那就需要你将那些打老板主意的人成功拦截下来，实在拦截不下来，也要自己先跟对方喝两个回合，消耗对方体力，待到对方执意要老板喝时，老板再意思一下。你的作用既打压了对方的嚣张气焰，也保存了老板的战斗力，前边的小喽啰你来对付，等到了关键时刻，老板自会出马。

在酒桌上，尤其是老板在场，你需要时刻保持清醒头脑，不能因为喝两杯酒就在老板面前得意忘形，这样只会得不偿失。

3. 酒桌上的大学问，讨好老板吃好饭

人们都会说“讨好老板吃好饭”，但是怎么才能够不给老板一种拍马屁的感觉呢？这就是一个大学问了。太过于露骨的拍马屁，不仅不能赢得老板对你的好感，反而离间了你和同事的关系，这是一种得不偿失的讨好老板的方法。

如何才能做到让老板赏识、器重的同时，又能够让同事不反感呢？这就需要你具体问题具体分析。但重要的一点是，你不必显得自己比其他同事优越，人之所以让别人反感，离不得一个“骄”字。

读心寄语

- 抓住酒桌上亲近老板的机会。
- 饭局不是万能的，但没有饭局是万万不能的。
- 千万别把“我不会喝酒”挂在嘴上。
- 场面上的应酬，一定要挡在老板前面。

真性情藏在阅读习惯中

身处职场的你，有没有过这样的感慨：天知道老板是个什么样的人！有时候无缘无故就撞到枪口上了，挨一顿批评不说，自己也很郁闷。其实，要想了解老板是个什么样的人，一点儿也不困难，因为人总是会在无意间流露出自己的真性情，而今天要教大家判断的办法就是“真性情藏在阅读习惯中”。

培根曾经说过：读史使人明智，读诗使人灵透，数学使人精细，物理使人深沉，伦理使人庄重，逻辑修辞使人善辩。从中可以看出，怎样的阅读习惯成就怎样的性格特点，这是无法改变的事实，人们总是在书中寻找哪些最符合自己性格特点的内容。

很多人喜欢在书中标注重点，其实这就是真性情的流露，你标注的重点，是在你看来很有用的点，换到另外的人身上，并不见得就会有同样的感慨。

王海龙在一家中外合资企业的设计部门做事，她的老板是一位四十多岁的中年男人，每天按时上下班，着装也是一丝不苟，被称为公司“最神秘的领导”。

办公室里从来都不缺少八卦，更何况有这样一位神秘人物。之所以说他神秘是因为他是空降兵，很少参加公司的集体聚会，即便聚会也是跟高层在一起。他说话很客气，对下属也很好，所有人都知道他做事情很有一套手腕，但是没有人知道他的生活状况，是否结婚、是否有孩子……

王海龙对老板也不是很了解，听的八卦多了竟也好奇起来，但是看老板平时的样子，还真的很难了解他。一次她给老板送设计样稿的时候，看到老板在看《不抱怨的世界》，以前一直以为老板看书也是看那些财经、管理类的，没想到是这本。看样子老板看得很认真，夹了很多书签在里面，一眼看过去最起码有三五个标注。

这个意外收获让王海龙对老板有了另一面的认识，他也不是像外面传言的那样不食人间烟火，他也在用心感受这个世界的温度。

此后的工作中，王海龙会特意地多跟老板聊几句，后来聊得多了，反而成了老板最中意的爱将。老板问她当初为什么会主动跟自己接近，别的同事都是很表面的问候，只有王海龙是第一个想要了解他的人。

王海龙告诉老板，因为她能看到老板的内心。王海龙可没告诉老板，自己也看过那本《不抱怨的世界》，之所以没有告诉老板，是王海龙还想通过这个途径观察老板的内心世界。

一本标注很多重点的《不抱怨的世界》让王海龙看到了老板当初内心的挣扎和苦闷，作为一个空降兵来到外资企业的设计部门，老板的内心应该是渴望被了解的。但是，在没有搞清楚大家对他是否是善意之前，他不能够轻易地将自己示众，这也是他的顾虑，万一没有得到应有的效果，那这个互动无疑是失败的。

1. 不要让浏览习惯代替了你的阅读习惯

不可否认，如今随着电子产品的发展，已经很少有人会保持着良好的阅读习惯，而且浏览习惯已经严重干扰了人们传统的阅读习惯，让人很难专注阅读。一目十行、快速翻页已经成为人们的习惯，但是这只能称之为浏览习惯，而并非阅读习惯。

现在的人很少能看得下去 300 行的诗歌或者 20 页的场面描写，快速消费已经侵入到生活的方方面面，人们更愿意用一小部分时间去看一场电影，看一部电子书。因此，尽量不要让浏览习惯代替了你的阅读习惯，闲暇的时候静静地翻看一本纸书，比你看一部电子书更能够让你内心平静，受益颇丰。良好的阅读习惯还能够净化你的心灵，让你在感受都市快节奏生活的同时，享受片刻找回自我的真实感受。

2. 了解老板的阅读习惯让你胸有成竹

当你透过老板的阅读习惯，得知老板的性格特点和处事态度的时候，就更能够为你在老板面前的表现加分。也许老板会认为你的观点跟他的观点不谋而合，也许老板会认为你为人处世的方法跟自己很接近，但是你自己要知道，这是你悄无声息观察得来的。

当得知这个小秘密的时候，不要自己偷着乐，也不要将你看到的四处宣扬，这只是增加了一个你了解老板的途径，并非刻意窥视老板的隐私。

了解老板的阅读习惯，让你看到老板性情的另一面。你不动声色地向老板的处事方法上靠近，既能够赢得老板的青睐，也能够让自己多一份信心，知己知彼并且投其所好，这样的方案或者提议还愁得不到老板的支持吗？有了老板的支持，你的职业发展自然也就如鱼得水。

3. 老板的真性情不会轻易暴露给你

不要以为看到老板在阅读习惯中流露出的真性情就是真的了解老板了，这也只是性格特点中的冰山一角。人的性格是慢慢形成、慢慢发展的，并非一朝一夕形成的，因此，性格中有很大一部分是习惯，习惯久而久之便形成了性格。

你可以看到老板喜欢读什么书，但是并不一定就可以摸准老板的脾气，还要结合他日常的行为习惯，以及不经意间流露的真实感受，来综合定位分析你的老板。性格的多重色彩分析，能够让你全方位了解老板的真性情，这样才会更准确地了解老板的心思。

老板之所以是老板，必定有他过人之处。如果你恰好遇到的是一位不喜欢阅读的老板，那他的真性情就需要你从别的地方观察了。

4. 老板对不同类型书的喜好意味着性格不同

- 喜欢读言情小说的老板

这类老板的感情丰富且细腻，可以说是非常重感情的人，可能还非常敏感，他们常用直觉告诉自己，事情应当如何处理。

这类老板的想法比较单纯，凡事会想到很美好的方面，多少显得有些不切实际。这类老板很好相处，因为他们富有同情心，常会被书中的情节感动，所以常沉浸在自己的世界里。这类老板往往显得不够坚强，但是善于自我开导。

与这类老板相处，不妨适当表现出感性的一面，对方才会觉得和你有共同语言。值得注意的是，正因为这类老板过于感性，性格往往较为软弱，在面对选择的时候会很犹豫，如果你可以适时地提出理智建议，对老板来说也是非常重要的。

- 喜欢读武侠小说的老板

这类老板喜欢幻想，同时追求浪漫。从他的阅读习惯中看出，他的内心深处有一种英雄主义情结，总是希望自己是领头人。他们为人豪爽，在下属看来也比较好相处，但也有可能脾气不好，让下属难以接近。

喜欢看武侠小说的老板，通常有善恶分明的处事原则，也好打抱不平，关键时刻能够挺身而出，愿意为员工牺牲。

现实生活中，这类人常常不被他人理解，也会出现很多与社会不合拍的情况。

和有英雄情结的老板共事，一定要在其面前表现出敬佩的态度，这是他需要的。同时注意做事不要扭扭捏捏，这类老板更喜欢做事爽快的员工。

• 喜欢看传记的老板

这类老板的性格都比较坚强，并且有野心，会为了实现目标而坚持不懈，这就是他们取得成绩的重要原因。更难得的是，这种人不会一味蛮干，非常讲求策略。

喜欢看传记的老板，通常思维比较缜密，在处理工作前，他们常常会很仔细想清楚，并提前做好预备方案，很少会贸然行事。他们也具备强烈的好奇心，敢于接受挑战。

由于这类老板考虑问题十分周到，作为员工应当配合他，切忌没想清楚就贸然行动，容易引起老板反感。当然，他同样不喜欢只会“埋头苦干”的员工，具有思考精神的下属是他最欣赏的人。

• 喜欢看历史书籍的老板

这类老板给人的感觉是沉稳、有内涵，具备想象力和创造力的同时，他们不会花时间与别人闲聊，而是将更多精力放在做有意义的事情上。正因为这类老板属于实干派，又具备良好的辨析能够，所以深受下属喜爱。

很多老板常常让员工做一些看似“不切实际”的工作，而这类老板不会，他让员工做什么都带有很强的目的性。既然老板是实干派，所以会喜欢实干的员工，注意要收起你的“花花肠子”，将更多精力放在处理实际问题上，才能赢得老板的青睐。

• 喜欢看通俗读物的老板

这类老板是富有同情心的，积极乐观的态度和开朗的性格，令其拥有很好的人缘。他们在愉悦自己的同时，也会给身边人带来很多快乐。这类老板的口才很好，性格也很好相处。

这类老板多半拥有阳光的性格，所以希望员工能够保持这种情绪，同时想要营造轻松愉悦的工作环境，如果下属太严肃，或是破坏了这种气氛，则有可能令其反感。员工不妨尝试让自己快乐起来，主动与同事、老板沟通，并用幽默的语言打动他们。

•喜欢看报纸、新闻类杂志的老板

这类老板是现实主义者，他们拥有很强的意志力，不会轻易被某些事情打倒。而且这类老板很少为虚无缥缈的事情操心，他们宁愿将更多精力放在有实际意义的事情上，这类老板更注重客观实际，因为他们能够从喜爱的读物中，获得更多有用的信息，所以面对任何事情都不会吃力。

同这样的老板共事，要收起你的“童心”和“幻想”，努力将全部精力放在每天要完成的工作上，并表现出优良的性格：坚韧、拼搏、钻研等，才有可能获得老板的欣赏。除此之外，这类老板还非常重视员工筛选信息的能力，不妨对此多加练习，如果能在最短时间内找到有用的信息，老板会更加赏识你。

•喜欢读漫画的老板

这种老板的玩心比较重，性格随和，并且向往自由自在的生活，他们的性格较为活泼，但是责任心不够强，生活态度也比较随意。与这样的老板共事，虽然有比较轻松的心理环境，但是无法培养自己的责任心和危机意识。

这类老板虽然很好相处，但是无法真正成为“顶梁柱”，而你想要做他的“左膀右臂”，就必须在关键时刻，对其进行适当提醒，通过合适的途径告诉他：此时你应该如何做，或是有哪些地方做得不够妥当。只要你注意方法，老板是会非常感激你的。

• 喜欢看侦探小说的老板

这类老板的想法都比较超前，具备很强的逻辑思维能力，敢于挑战新事物的他们，能够利用自己的探索精神，去处理任何问题。

他们不害怕问题，有迎难而上的勇气，加之坚持不懈的努力，往往有很好的效果。

正因为此类老板很喜欢利用逻辑思维，所以你也要尽可能多地思考，切忌感情用事和逃避责任，如果你可以表现出迎难而上的态度，他会愿意为你投来更多赞许的目光。此时，千万不要觉得紧张，你的老板是在“邀请”你与他共同加入到探索的行列中。

• 喜欢看恐怖小说的老板

这类老板的生活比较单调、乏味，甚至是一成不变的，他们渴望寻求新鲜、刺激的事物来获得精神上的满足，所以会选择看恐怖小说。由此也能看出，他对自己目前的情况，有些厌倦。

面对这样的情况，很多员工束手无策。实际上，你只要表现得每天精力充沛，不断用新方法处理工作，就能带给老板更多惊喜，缓解他们对目前工作状态的厌倦。当老板的负面情绪得到改善，第一个就会想到你。

• 喜欢看科幻小说的老板

这类老板通常有很丰富的想象力，并且具备创新精神，敢于、乐于挑战新事物。他们不喜欢一成不变的生活，希望每一天的生活中，都能有新的发现。

这类老板往往会制订计划，但有时候无法完成，他们缺乏持之以恒的精神，所以常常无法获得成就，总是会为他人喝彩。

想象力过于丰富的他们，常常会陷入幻想中，却难以打造属于自己的辉煌。

与这类老板相处，切忌表现得死气沉沉，应当注重创新意识的培养，在工作中不断寻找新的亮点，并拿出来与老板分享。由于他缺乏坚持的精神，不妨在此方面加以适当的提醒，帮助老板完成工作。

•喜欢看财经方面书籍的老板

这类老板有很强的竞争意识，常常将自己加入到各种竞争行列中，企图让自己处于鹤立鸡群的状态，想要把任何人都比下去。由于这类老板常常看相关书籍，所以具备一定经济学常识，很有经济头脑。

与这类老板共事也要具备很强的竞争意识，时刻保持“居安思危”的想法，会令老板欣赏。当然，在和老板聊天的时候，也可以多谈谈财经方面的事情，但是要尽量让对方说，自己扮演“忠实听众”，偶尔发表一点自己的想法。

•喜欢阅读妇女杂志的老板

很多女性老板喜欢阅读这类书籍，是为了将自己打造得更加强大、美丽、有魄力，她们希望自己能够成就一番事业，让别人另眼相看，她们通常会将自己打造成女强人的形象。

与女老板共事，一定要多赞美她，因为女人多半是希望听到夸奖的，当你多多捧着她的时候，老板的心情自然会好，也有利于你的工作。但如果没有真才实学很难得到她真正的欣赏。

•喜欢阅读时尚杂志的老板

这种老板常以时尚的形象示人，非常注重自己的穿衣打扮，并且很在乎别人对她的印象，所以才会在这方面花财力和物力。

不妨多赞美此类老板的外在形象，正因为她非常关心别人对她的评价，所以可能会因为你的一句话，而保持一整天的好心情。

书籍是人类最伟大的朋友。社会在不断进步，如果没有及时“充电”，就有可能落后，所以应当把阅读当成一种良好的习惯。从老板的阅读习惯中，你可以了解他的性格，需要你平时多加观察，以便日后投其所好。

读心寄语

- 一个有着良好阅读习惯的老板，一定是个有思想的老板。
- 书犹药也，善读之可以医愚。
- 喜欢读传记的老板，虽野心勃勃却也脚踏实地。
- 有时间的话多读纸质的书。

送礼是性格测试的最好时机

送礼是一个技术活，之所以这样说，是因为你要是送得不合对方心意，对方或正面推辞，或委婉拒绝，实在不想要的话也许再退回给你，这样的送礼实在让人尴尬。要是送得好，正合对方心意，那你所求之事便成功了一半。

送礼的学问不仅在礼品的选择、礼品的价位上，还要看你送礼的对象他的爱好、性格、品味是什么样子。只有综合地考虑各种因素，才能够选对礼物、送对人，也只有这样，才能够让自己送礼送得值得，不至于白忙活一场，或者赔了夫人又折兵。

礼尚往来一直是中国人的传统习俗，但是有人会质疑：送礼真有如此大的功效吗？其实也不尽然。但不可否认的是，送礼是测试老板性格的最好时机，它能够看出老板到底是一个以自我为中心的人，还是一个固执己见的人，是心胸狭隘还是心胸宽广。

刘明要去给合作方的老板送礼，可是那位老板出了名的刚正不阿，平时很多人前来拜访都是抱着必胜的信心来，却铩羽而归。老板不抽烟、不喝酒、不认钱、不认人。很多前来拜访的人也会从老板的老婆身上下手，买礼品、补品、玉器，老板通通不要，有事情就说事情，不要打这些歪主意。

刘明心里也着急，一次拜访的时候他发现老板家里的红木镜框里放了一幅字画，但是是拓片，跟屋里的陈设显得不搭，他默默记下。回去以后，辗转托人找了当地一位很有名气的书法家，重金买了一幅字画，下次拜访的时候，刘明带上了这幅字画，到了老板家便说最近偶然得了一幅墨宝，但自己不懂，想请老板帮忙鉴别一下。

老板端详了好一阵子，“好画，好字”是他亲口说的，刘明走到红木镜框下将拓片取下，将字画镶入其中，老板先是一愣，随即了然。但这幅字画真真是好，属上乘之作，刘明见老板犹豫便说：“我一个粗人实在不懂字画，在我看来这就是一幅普通的画，挂在我家里我都觉得跟我家的风格不搭，这个红木镜框可不就该放这样一幅画。”

老板最终只说了一句“老兄，有心了”。项目最后的得主当然是刘明，而且两位老板在日后的很多项目中都有合作，互利互惠，也成了很好的朋友。

显然，刘明的这个礼物送到了这位老板的心坎里，为什么其他送礼者都铩羽而归，同样是花钱送礼，得送到收礼人的心坎里，那才算送对。

花钱送礼，自然可以判断对方对金钱的一个态度，假如他爱财，那么他一定看不上那些便宜、廉价的礼品；如果对方是一个不爱财的人，你就要投其所好，不然的话送多少钱都会被拒之门外。就像刘明一样，准确地把握了对方的心思，洞察了他的想法，自然就送到点子上了。

诚然其他送礼者也都花费重金挑选了礼物，但是总归没有将钱花在刀刃上，只能惨遭拒绝，虽然遗憾却也是必然。因为他们没有看准对方的性格，没有摸准对方的脾气，这样的结果不能说是他们礼物挑选得不对，而是说他们没有将最合适的礼物送给最适合的人。

1. 送礼只选贵的，不选对的

用这种策略送礼的老板通常情况下都是为了给自己挣足面子，他们认为花的钱越多，自己就越有面子，但是他们不会去考虑这件礼物的实用价值或者是否合适。这并不代表他们挑选礼物不用心，他们在挑选礼物之前，通常都会估算一下对方在自己心目中的位置，值得自己花多少钱去买礼物。

这样的老板是极其精明的，但都是小算计而已，只适用于功利性合作伙伴。天下熙熙皆为利来，天下攘攘皆为利往。他们虽然舍得花钱买礼物，但都是希望你能给他们同等回报值的。最起码，是想要有求于你，希望你在别的事情上对他多加照拂，这样的回报在他看来才是他送这么贵的礼物希望换来的，才是值得的。

2. 送礼只图便宜，不看心意

与其说这样送礼的老板抠门，还不如说他把所有人都当傻子，这种掩耳盗铃似的送礼方式，也只有这种自以为是的老板才能做得出来。他们不舍得花钱送礼，却又想要图个好名声，于是只挑选那些便宜的礼物，这种老板通常是说一套做一套。

这种老板空有满腔的热血，想要做出一番大事业，但往往事与愿违，白白浪费了时间和精力，也得不到想象中的繁荣事业。其实很好理解，想要用最少的付出得到最大的回报，这无异于想要空手套白狼，世间哪有这种好事儿。

而且要注意的是，这样的老板通常心胸狭隘，为了一点小事儿就会大动肝火，甚至不依不饶。而他们的自控能力也很差，往往心血来潮的时候想这样，过了三分钟热度以后又后悔这样的决定了。

3. 专门挑选那些奇特的礼物

将一个奇特的礼物送给对方，会产生什么样的效果呢？无非是想要对方对你印象深刻一点，重视你一点，不得不说这种送礼的行为很聪明，却也十分冒险。如果对方是一个不喜欢夸张、张扬的人，那你的行为无异于自毁前程，只会让对方产生厌烦的情绪。

不过这样的老板通常送礼并不是想要讨好对方，而是喜欢突显自己的与众不同，他们的表现欲望很强，抗打击能力也很强，属于内心十分强大的老板。不同于送便宜礼物的老板空有一腔热血，挑选奇特礼物的老板的野心勃勃是能够帮助他们的事业的，只要加以扶持是可以成就一番事业的。

读心寄语

- 不要在送礼之初就想着让别人怎么回报你。
- 来而不往非礼也。
- 挑选礼物的耐心有多大就说明你对对方的诚意有多深。
- 永远不要想着空手套白狼。

音乐偏好能够看出老板的独有心思

音乐在人们的生活中扮演了一个很重要的角色，有时候它更像一个朋友，可以倾听你所有的喜怒哀乐，有时它也像一个导师，可以为你指点前进的方向。音乐之所以有这么奇特的作用，是因为你对音乐的偏好会泄露你的情绪。

流行音乐、古典音乐、打击乐、摇滚、爵士、歌剧……在音乐种类五花八门的今天，每种音乐类型都有自己的受众人群，而通过对老板偏好的音乐类型的观察，可以让你窥探出老板的心思。如今的音乐类型呈现出多元化发展的状况，通常人们会选择自己比较擅长的音乐来听，而这种感性认识也正是你了解老板真实想法的途径。

任崇达是一家广告公司的创意总监，他之所以能够迅速爬到总监的位置，除了自身的努力以外，还有老板的大力提拔。最起码在其他同事看来，任崇达是老板面前的大红人，而只有任崇达自己知道，他只不过是窥探到老板的性格秘密而已。

这个认知还要从一次公司的聚会说起，那天是公司拿下了一个大单，老板请大家吃饭，吃完饭有人提议去唱歌，于是大家就去了 KTV。毕竟大家都酒足饭饱了，大家也唱得很高兴，纷纷让老板唱歌，谁知老板推脱了几次以后，便拿了麦不撒手了，典型的麦霸。

从老板开始唱就一直唱摇滚，中途倒是有几个同事一起跟他唱，唱到最后只剩老板一个人在那儿唱，场面也渐渐冷了下来。后来大家散场也就不了了之了，谁也不能说什么，也不敢说什么。

任崇达一看，原来老板如此喜欢摇滚，以后也主动找过老板来 k 歌，都点摇滚，只不过是跟着老板一起吼而已，而老板却觉得找到知己一般。

我们来分析一下任崇达的老板：其实偏好摇滚的人，内心是十分孤独的，他们害怕寂寞的侵袭，不能让自己长时间地静下来，比较好动，只有运动才能让他找到自己存在的节奏。这也促使他们特别喜欢表现自己，想要给别人留下深刻印象，但通常事与愿违，人们往往并不能对他有一个清楚的认识。

任崇达正好看到了老板潜在的性格特点，尽可能地给老板表现自己的机会。但是通常喜欢摇滚乐的老板也会陷入一个死循环，他们对社会不满，有着愤世嫉俗的情绪，常常会情绪失控，也许会造成一些不愉快的事情发生，但这些通常不会影响他们自己。

1. 看老板偏好什么类型的音乐，从而判断老板的性格色彩

之前我们说过音乐有流行音乐、打击乐、乡村音乐、古典音乐、爵士乐等，不同的老板会有自己的偏好，而这些偏好能够充分体现他们的性格，我们大可从这些音乐中看到老板的心思。

音乐类型有很多，我们不能一一列举分析，但只要把握住一个宗旨：老板们所偏好的音乐能够泄露他们的情绪和心思。通过对他们喜爱音乐的研究，可以窥得他们性格的点点滴滴，这对你从侧面了解老板的性格具有很大的帮助。

2. 不同音乐类型代表不同类型的老板

通常喜欢流行音乐的老板都平易近人，没有太多想法，属于随波逐流的性格。面对复杂的人际关系或者恋爱关系，是他们最不能容忍的情况。他会把所有问题都抛给别人，与其说是一种不负责任的推诿，倒不如说他们是感情的奴隶，而且随时做好被感情俘虏的准备。因此，他们通过流行音乐来给自己减压，让自己时刻保持在一个轻松的状态下。

与这样的老板共事，应当随时准备好他“抛”过来的任务，当他觉得工作很厌烦的时候，你可以顺利帮助其完成接下来的事情，会让老板对你刮目相看。

偏好古典音乐的老板大多理性有余，感性缺乏，经常会自省，用理性思维战胜感性认识。俗话说得好，“曲高和寡”。这种老板通过对古典音乐的欣赏，感悟出人生的真谛，但这并不意味着他会很感性，而是说他很难找到能够和自己产生共鸣的人，因此会显得格外形单影只。

如果你可以同他一样，成为善于自省、感悟人生的人，就容易产生共同语言。想要与老板有共鸣，并不一定要说出来，可以从处事的风格上体现。当他觉得某位下属与自己的做事风格一致时，孤独感就会消散，而你则有可能成为老板的“贴己人”。

偏好打击乐的老板，生活中会是很好相处的人，他们为人爽朗，性格开朗，不仅对自己的生活充满希望，而且对自己的人生有着清晰的规划。这类属于在社交场合很吃得开的老板，积极得像太阳，照到哪里哪里亮；而消极的人像月亮，初一十五不一样。无论谁都是愿意跟性格开朗、积极向上的人交朋友，而这类老板对下属也会很好，不会鸡蛋里挑骨头，深受员工的喜爱。

如果你遇到这样的老板，可以说是件幸运的事情，只要保持较好的状态和阳光的精神面貌，几乎都能与之保持良好关系。和这类老板相处是很轻松的事情，有利于你更好地处理工作。

与偏好古典音乐的老板恰好不同的是，偏好爵士乐的老板大多属于感性的。他们追求自由，喜欢无拘无束的生活，不想被世俗所束缚，带有一点理想主义的幻想，因此时常会因感受到现实与理想的差距，而郁闷不已。他们会凭着一股子热情去做一件事，而这样的想法往往是不切实际的，但他们也会不顾后果地去做。这也是他们最典型的特征，因为他们极度讨厌一成不变的生活。

了解了老板的性格，才能更好地与之相处。面对他，如果你表现得过于保守，则不容易引起对方注意，努力提升自己的工作热情，积极树立生动活泼的工作风格，切忌给思想带上“枷锁”。不过，你的想法也不能过于脱离实际。

偏好歌剧的老板属于那种传统、安分守己的老板，自制力特别强，即使这件事情已经触及他的底线，他也会压抑自己的情绪，等到适合的时间才发作，绝不会轻易发作。但同时，这类老板也是典型的完美主义者，凡事都想要做到尽善尽美，对自己更是苛刻，想要拿出最完美的东西，可是世界上哪有那么多完美的存在？

正因为这类老板永远追求完美，所以你要注意工作中的细节。每当完成某件事情，都先回头检查一下，看是否存在不妥当的地方，即便老板对此还是不满意，也要理解他的做事风格，尽可能按照他的要求，将工作完成好。此时，老板才会觉得你是“可造之才”。

3. 了解老板的心思以后投其所好

通过音乐类型了解了老板的心思以后，我们只需要投其所好就能够达到亲近老板的目的，从而赢得老板的喜欢，也能够让自己表现得更加出色。

这是人的共性，总是喜欢跟自己意气相投的人。老板也不例外，他们寻找的也是更符合自己价值观、更能够窥破自己心思的员工。只要读懂了老板的心思，就不怕不能赢得老板的青睐。

读心寄语

- 音乐是你了解老板心思最自然的途径。
- 你可以有自己喜欢的音乐类型，但不可以不了解老板欣赏的音乐。
- 记住音乐是人类共通的语言。
- 你喜欢的音乐也会泄露你的心思。

字如其人，人如其字

人们常说“字如其人，人如其字”，这个说法不是没有道理的。自古以来就有“看字如看人”的说法，这说明人们已经看出字和人性格的关联。其实，早已有研究证明，汉字笔迹心理学可以通过写字的笔迹和笔画，解码每个人的个体特质，了解每个人的性格特点。

字是一个人精、气、神的体现，从一个人的字中我们可以看到他目前的生活状态、心理、情绪、性格特点等，这是你从侧面了解一个人的途径，也是你了解一个人的捷径。

老板也不例外。作为员工经常会看到老板的签名或者批注，而这些字足以泄露老板的情绪和性格特点，是他们潜意识里思想感情的流露。今天，我们就通过老板的字体、字形来分析一下老板们的内心世界。

李琳是一家私企的文秘，公司里大大小小的事情，无论是合同、计划书、报账单通通都要经过老板签字才行。因此李琳每天见的最多的就是老板的签名和对项目的批注。但是最让李琳头痛的就是老板的批注。因为签名还比较好认，无非就是那三个字，即使老板写得再龙飞凤舞、难以辨认，但最起码都写在确认签字的地方，也就好认得多。

批注、备注却是让下属最头痛的地方，每次将文件派发给各个部门的时候，总监就会找李琳，请李琳帮忙辨认老板的字。遇上这种事情总不好再去问老板写的到底是什么意思，于是时间久了李琳也摸清了门路。

首先，老板难以辨认的签名无非是不想让别人摸清他的心思，不想让对方了解他太多的信息，给人一种捉摸不定、变幻莫测的感觉。其次，老板越是这样神秘，不仅字神秘，他的生活、性格、工作作风也神秘，公司的同事都很难猜测老板的下一步动作是什么，这样就越能吸引大家的注意力，提高大家对他的关注度和警觉性。

李琳作为秘书，她对老板的认知应该是最清楚的，实际上老板并不想过多地让别人了解自己，这点可以充分地从他的字迹上体现出来。

通常，写这类难以辨认的字迹的老板都保持了平时生活中的一贯作风，性格不喜张扬，喜神秘。他不能容忍自己的下属对自己私人的情况如数家珍，这是他坚决要保护的隐私，同样，这样的字体在合作方看来也是无法摸清对方脾气的。

1. 即使你看不惯老板的字，也不要对老板的字指指点点

可能老板的字写得并不漂亮，也可能很难看，这些都不重要，重要的是他是老板，他写的字就是比你的字值钱。就好比老板的字签在报账单上就可以生效，而你的字写得再漂亮，签在报账单上也不会生效。

所以，不要对老板的字指指点点，你需要做的是通过老板的字看到老板的性格特点，从而做到心中有数、投其所好，避免发生不明所以就得罪老板的情况。老板的字代表的是老板的性格，代表的是公司的形象，他自己都不觉得影响了公司的形象，你又何必多此一举、杞人忧天呢？

反而，如果你当面指出了老板的字影响了公司的形象，就只能自求多福了。

2. 老板都有自己的性格，他的字就体现了他的性格

我见过很多喜欢写繁体字的老板，按理说老板在做批示或者签名的时候都是希望越快越好，越精简越好，但就是有这种坚持使用繁体字的老板。通常来讲，这类老板对古人创造象形文字这件事感慨万千，这是一份渗透到骨子里的传统观念，因此他们做事情也会很保守，具有较强的传统意识。他们注重声誉和名望，往往能够凭借丰富的经验，取得事业上的成功，这也源于他们超强的忍耐力和不辞劳苦的拼搏精神。

与喜爱繁体字的老板相对的，就是喜爱写简体字的老板，我特别喜欢这样对照着分析。这类老板思维活跃，灵活多变，而且为人极其爽快，能够活出自己的本性，无拘无束，不受任何世俗的束缚。但是也正是由于这种活跃的思维方式，他们总想要多一点投机，想要找到通往成功的捷径，因此少了一份直面困难的勇气，多了一份一劳永逸的渴望，并乐此不疲地寻找四两拨千斤的方法。

工作中我们难免也会遇到这样的老板：他们的工作能力没有问题，但是却写了一手幼稚的字。这种情况除了是因为小时候没练好字，其实更多的能透露出现在的问题。这种类型的老板，无论现在的年纪多大，他们的情感始终停留在年少的阶段，对父母的依赖程度也远远高于其他人。这是一种安于现状的老板，他们满足于自己目前的经营状况，不愿意发生任何突变情况，缺少奋斗与创新。

3. 字的特点反映的是老板的性格，而不是性格的优劣

通过对老板的字的研究，我们可以对老板的性格有所了解，但这并不意味着老板的字漂亮他的性格就好，也绝非是老板的字不漂亮，他的性格就不好。这都是需要具体问题具体分析的，字只是了解老板性格的一个捷径，要分析老板的性格，还需要综合分析老板的各个方面、各种表现，而

不能单一地只看字。

老板字的漂亮与否，跟老板的性格好坏没有直接关系，不能以面概全。只能说人们天生对美的事物都带有一定的好感，对字写得好的老板，相对做出的评价也会高一些，但这只是一种外在的表现形式，不是你定义老板性格优劣的依据。

读心寄语

- 老板的字不仅代表自己的形象，也代表公司的形象。
- 也许你的字比老板的漂亮，但要看你做人是否也漂亮。
- 你的字迹也会泄露你的情绪。
- 老板的性格与字有关，但性格的优劣与字无直接关系。

Chapter 2.

老板个性大不同

——不同类型的老板有不同的典型特征

为老板进行一次性格细分

性格色彩是一门很有趣的学问，不同的人生经历和成长环境会造就每个人不同的性格特点，通过对性格特点的分析与研究，我们可以判断出这个人的行事作风、价值观以及个人喜好等。

老板们的性格也不尽相同，我们需要对老板进行一次性格上的细分，才能准确地分析老板潜在的性格色彩，以便于员工更出色地发挥自己的能力，赢得老板的信任与青睐。

邱杰是一家文化传媒公司的老员工了，公司里流传这样一句话“铁打的邱杰，流水的新员工”。之所以这么频繁地开除、解聘新员工，是因为他们有一个脾气极其暴躁的老板。

工作一段时间以后，员工们就会纷纷感叹老板的脾气可不是一般的暴躁，原本可以心平气和解释清楚的事情，到了老板那里三两句话就发火了，害得新员工万般委屈。有的员工跟老板辩解两句，就如同引发了世界大战；有的员工一声不吭，老板反而怒不可遏，因此同事们都纷纷避免和老板直接接触。

邱杰倒是自有一套应对老板的办法，不就是脾气暴躁了点儿吗？他也遇到过老板发脾气的时候，但无论是不是自己的错，邱杰都会将老板的怒火平息下来，即使平息不下来也不会让怒火殃及到自己身上。

一次邱杰发给客户的方案错了，发的不是最终的定稿，而是之前的修改方案，里面有很多缺陷暴露无遗，这让客户非常生气。老板知道以后首先将邱杰叫到了办公室，将问题说了出来，邱杰坦言："这次是我们工作的疏忽，我马上去调查清楚是哪个环节出现了问题，然后主动跟客户沟通解决这个问题。"

邱杰的这招"金蝉脱壳"成功地避开了老板暴躁的风口浪尖，待老板的怒火还没有喷发之前选择先解决问题，因为老板也知道解决问题永远比挨骂重要。他并不是放任邱杰走，而是要让邱杰妥善地处理与客户的问题，等到问题处理好了，批评是一定的，但也没有暴风骤雨般发火的必要了。

邱杰的聪明之处就在于他洞悉了老板暴躁易怒的性格，既然他不可能改变老板的性格，那就只能自求多福、自我保护了。在老板发怒之前，不推卸责任，不试图跟老板辩解什么，而是转移老板的注意力，委婉地告知老板自己先去处理问题。

解决问题的办法一定比问题多，这是职场中永远不变的黄金定律。老板自然分得清孰轻孰重，而让你去解决问题的时候，老板自己也在平息怒火。他不可能始终处于暴怒状态下，这样做就留给老板充分的缓冲时间，等到你将问题解决了，老板的怒火也消耗得差不多了。

这类脾气暴躁的老板，他们是天生脾气暴躁，情绪很容易失控，就是连他们自己也很难控制，很多时候会为了一些鸡毛蒜皮的小事动怒，让下属惶恐不安。因此，当这类老板发火的时候，不要试图跟他们理论、争辩，这样只会增强他们的斗志，但是也不要一味地"嗯，啊"或者压根不吭声，这样他们会以为你在敷衍他们，而激起他们新一轮的爆发。最佳的方案是先承认自己在工作上的疏忽，然后向老板提出解决问题的方法。

1. 不要在老板盛怒的情况下，火上浇油

我们之所以分析老板的性格特点，是为了避免火上浇油事件的发生。

如果你不了解老板为何发怒，也不知道怎样做才能平息老板的怒火，那就离得远远的，看别人怎么处理，当然，这是在老板不是因你发怒的情况下，你可以远观。如果老板的盛怒是因你而起，且只是你一个人的错，那你只能主动承担意外，不要火上浇油。

平时有机会的话，应该看看办公室的其他前辈们是如何处理这类问题的，偷偷跟着学一招半式也未尝不可。

2. 不同老板的性格分类

性格倔强的老板是很难沟通的，一般情况下他们固执己见，根本不听别人的解释或理由，只一味地要求你按照他的方法来处理事情。如果这时候有人对他的方法提出质疑或否定，那这个人一定没有好果子吃，固执己见的老板会责令他按照老板的方法迅速完成工作，并加大他的工作量和精神打压，让下属不堪其扰。

性格直爽的老板一般是很好沟通的，他们有什么说什么，对你的工作有任何不满意的地方，也会直接说出来。这不是有意刁难员工，这类老板的性格就是这样，不会让人费尽心思猜老板到底怎么想的，而是直接表达出来。跟这种老板一起工作应该会有很轻松、很愉快的氛围,应该不会“踩地雷”。

老板性格的优柔寡断通常是员工最害怕的，作为老板都朝令夕改，让手下的员工如何贯彻执行呢？这样的老板会让员工做许多无用功，这样也会对员工的工作更加不满，一切的判断都是视自己心情而定，经常会让员工手足无措。

3．了解了老板的性格特点，方可对症下药

如何对待性格倔强的老板呢？首先在同这类老板交流问题的时候，一定要注意自己的语气，把握好说话的方式方法。切忌针锋相对、据理力争，而是要用委婉、温和的口吻将自己的想法说出来，只当作一个建议，看老板如何回复。毕竟只要是以公司的大局为重的方案，你又是采用这么谦卑的方式提出来，老板会认真考虑的。

跟性格直爽的老板相处应该是最轻松的，他们对员工的任何情绪都是自然、直接的，不带有任何私人情绪，就事论事。员工做得好，会得到应有的表扬，同样，员工如果做得不好，老板也会毫无保留地指出来纠正。

对待优柔寡断的老板，你应该强迫他作出最后的抉择，否则按照他的性格，永远没有最后选择的机会。当你按照老板的指示做完之后，他又觉得不合格，你不能任他继续飘忽不定，而应该问清楚，这都是按照他的意思修改的，还有什么不对的地方吗？

读心寄语

- 老板的性格是他做事的依据。
- 跟老板硬碰硬是最笨最笨的下策。
- 没有比赢得老板的信任更快让你提升的方法了。
- 不要给老板你认为对的，而要给老板他想要的。

不同类型的老板处事风格大揭秘

也许很多时候，你会不认同老板的处事风格，但实际上，是由于你和老板所处的位置不同造成的。如果你能够设身处地地站在老板的位置上，以公司的整体利益为出发点，或许你就会发现，老板的处事风格也没有想象中的那么不可理喻。

每个老板都有自己的处事风格，或者说混迹商海每个老板都需要有一套自己的周旋方式，才能让自己在这个圈子里有一定的地位、一定的影响力。这是每个老板留给外界的整体印象，也是每个老板必备的生存技能。

但是，如果你的处事风格与老板的处事风格相悖，你是否还会按照自己的想法一意孤行呢?

杨露在一家大型婚庆公司做活动执行，她的老板是一个凡事亲力亲为的人，对任何人的工作都不放心。很多员工私下里都说，如果不是因为老板只长了两只手，他会什么事情都自己做。

这显然是不可能的，所以这些琐事必须有人去做，但是在做的过程中，老板会时刻密切注意活动的动向、活动的进展，这也是最让员工头疼的地方。每天的繁杂琐事那么多，还要时刻应付老板的询问、检查和训话，这让面对烦琐工作的员工感到疲惫不堪。

杨露一开始也是如此，既要留心工作中不能有任何疏忽，又要应付老板的突击检查和常规询问。但是，时间久了，她发现既然老板这么事必躬亲，与其让老板这样揪着自己不放，不如主动给老板一颗安心丸。

意识到这点，之后的工作就显得尤为得心应手，杨露会把每天的工作进度和工作计划主动告知老板，当然工作中的一些困难也会顺带提一下，询问一下老板有没有什么好的方案，如果没有，她就按照自己预设的方案执行。这样主动的、有计划性的“交代”显然出乎老板的预料，但是老板也受用于此，这样做不仅减轻了老板的负担，也拉近了和老板之间的距离。

显然杨露准确地分析出了老板的处事作风，而自己只要顺着老板的思路做，就必然能得到老板的认可，毕竟俩人的处事作风如出一辙，老板又怎么会质疑自己的处事作风呢?

老板只是想要看到事情的进展，他不能容忍自己的员工每天都在原地踏步，这是事必躬亲类型老板的共性。

1. 员工要将被动工作变为主动工作，老板才会信任你

在工作中，我们时常会有得不到老板信任的感觉，这种感觉不是单方面的，感觉一定是相互的。曾经我听过这样一个案例，员工 A 是一家公司的老员工，但一直只是一个技术人员，没有得到应有的提升，他百思不得其解，最终鼓起勇气去问老板。老板也是个直性子，便说：“你掌握了公司的核心技术，一直勤勤恳恳地努力工作，我不知道什么样的方式能够确保你始终留在公司里。”

听了老板的话，员工 A 恍然大悟，老板对自己的不信任源于自己没有给老板安全感，老板始终觉得这是一个会随时离开的员工，谈何重用这个员工呢?

2. 工作中会遇到不同处事风格的老板

对于没有主见的老板，底下员工是最难做的。与朝令夕改的老板不同的是，没有主见的老板不会对任何一个方案、提议表明自己的态度，对所有的方案都是不置可否、含糊其辞。其实这类老板自己也很苦恼，他们深知自己的缺点，却难以改变没有主见的现状，或许是天性使然，或许是能力受限，总之他们一直在为自己的没有主见埋单。

很多员工都会害怕那种装腔作势的老板，他们极好面子、好摆架子，这样的老板会让员工感到很累，他们喜欢在工作中摆出一副领导的架子，让员工俯首称臣。实际上，在公司的体制里，员工本来就是老板的下属，老板无须摆架子，但是就有这种偏爱摆架子的老板，让员工无可奈何。

当你遇到一个凡事追求完美的老板，你该怎样做呢？这类老板不仅对自己的工作、生活要求完美，也会对员工有同样的苛求。因此，作为这种老板的员工可不好过。他们会对员工的工作百般挑剔自不必说，而且他不会顾及现实条件的约束，一切按照理想状态来要求员工。

3. 分析老板的处事风格，力求与老板的风格一致

怎样才能跟没有主见的老板和谐共处？相信这是很多员工的心声。没有主见的老板大多都会习惯性地问一下下属的意见，这已经成为他们的习惯性用语。这个时候，你可以先询问一下老板的意思，有可能老板只是提供一个大概的轮廓，然后你要顺着他的意思，在他的基础上进行补充。

面对喜欢装腔作势的老板，你只需要适时地称赞他两句，俗称的“拍马屁”，老板自会感觉良好。这样在增强老板的自信心、虚荣心的同时，对自己在老板心目中的地位提升也有帮助。但是切记不可过分溜须拍马，一味盲目地拍马屁只会使老板反感，还是应该寻找适当的机会展示自己的才华。

对于完美型的老板，员工只要本着严格要求自己的原则就好，当老板布置给你任务的时候，不可掉以轻心，随便应付了事。应该将老板的具体要求、特别要求加以备注，严谨的态度和踏实的工作能够为你赢得老板的印象分。此外，也许老板对你的苛求是因为你没能够给他足够的安全感，让他有了危机感，你需要在适当的时候消除他对你的顾虑。

读心寄语

- 在老板看来，只有在确定员工忠诚的前提下，员工越努力才越好。
- 老板给人看到的处事风格，是他想让人看到的。
- 慈不带兵，义不养财。
- 与老板沟通，要习惯用他的处事风格思考问题。

态度不同，人亦不同

正因为不同老板的性格有差异，所以他们对同样一件事物，会有不同表现。作为下属，一定要通过观察老板的态度，分析他的性格特征，以免工作的时候发生不愉快的事情。员工越了解老板，越知道自己该说什么话，该如何处理工作，并与老板的心意相吻合。

面对同一件事情，不同性格的老板会有不一样的反应，例如，同样面对执行力低下的员工，有些老板的态度更严厉些，有些老板的态度比较温和。

出现这种情况的原因，是由于老板本身性格上的差异。想要读懂老板，必须用心观察他的言行，哪怕老板只是轻轻皱眉，他的情绪可能都已经发生变化，当然，很多老板会有“固定”表情，就更加容易看出他的性格了。

乔娜在一家中外合资企业上班，担任老板助理，虽然工作时间不长，但乔娜对老板的了解却非常透彻。她的老板之前一直搞技术，特别擅长某些领域的开发研究，这方面能力很强，但要说团队管理，他就差得远了。虽然在管理岗位做了好几年，这位老板仍然对此一知半解，甚至没有建立好管理架构，导致人员流失率大，下属多半对此有抱怨，但都“敢怒不敢言”。既然乔娜在老板身边工作，她自然成了被大家倒苦水的人，这也是乔娜郁闷的原因。

有一次，乔娜陪同老板去子公司视察，在总结会议上，子公司负责人向老板汇报了工作，其中有些地方老板没听明白，于是向下属提问：“你刚说的改革薪酬制度，似乎和之前讨论的结果不太一样，为什么要改掉呢？”子公司负责人，对此作了非常详细的解释，包括之前的计划中有哪些问题等，乔娜一边做记录，一边观察老板的神情。

看得出来，老板在认真听下属说，并没有表现出不愉快，有些时候反倒非常虚心。

回到公司，乔娜认为：老板是个比较谦虚的人，只要能够站在他的立场上考虑问题，并且注意沟通时候的语言表达，他可能会接受下属的建议。

经过考虑，乔娜决定从老板的角度出发，向老板进言，看看能否改变目前的管理状况。她对老板说：“管理者想要树立真正的权威，必须有实力和管理魄力。对于您来说，拥有权威技术便是您的实力，如果在管理方面稍加改变，就能增加您的管理魄力。”

听到这里，老板表现出很大兴趣，要乔娜接着往下说。乔娜就自己的想法，向老板提出了一些建议，这都是她从日常观察中积累起来的，因为说得句句属实，老板也愿意听下去。

听完乔娜的话，老板觉得很有建设性，经过思量，他觉得自己虽然在技术方面没什么可被挑剔的，但管理能力确实需要提高。正如乔娜所说，老板就是要树立威信，如果缺少管理魄力，他的位置肯定会受到威胁。

从这之后，乔娜发现老板非常注意管理技术上的“革新”，将更多精力放在管理工作中，加之自己的积极配合，团队很快建立起完善的组织结构，并且有了较严明的制度。

同时，乔娜的才能也被老板欣赏，老板很乐意听她的建议。

乔娜正因为看到老板愿意听下属的建议，才敢说出自己的想法。如果她的老板刚愎自用，不愿意听到任何劝告，乔娜说多了，反而会令老板不开心，对结果也没什么好处。摸清了老板的性格，你就可以适当提出自己的想法，做事小心谨慎，才能赢得老板的青睐。

想要完全解读老板，应当从各个方面对他进行观察，切忌想到什么就说什么，他不一定能够接受。想要建立良好的工作关系，就得顺着老板的“脾气”来。

1. 老板的态度，反映了他的真实想法

面对工作，不同性格的老板，会体现出不一样的想法，进而他们的态度也不相同。例如，员工觉得某件事情不重要，可做可不做，原因是它太不起眼了，但等到老板发现这个事情，却让你马上完成。对于一件事情，每个人的看法不一样，从而反映出性格也不同，老板比你更加谨慎。

工作的过程中，你可能会遇到各种性格的老板，正因为对事情的态度不同，所表现出来的管理方法也不一样。

熟悉老板有个过程，不妨通过观察其对事物的态度，从而找到他的性格特点。工作环境是非常复杂的，而解读老板的过程亦是如此，老板一般不会因为员工而改变自己，也就是说，老板的性格是相对“固定”的。当你看到他们面对同一个事物，有不同看法的时候，就应该意识到：如果顺着老板的性格，并且站在对方的立场上想问题，就更容易处理好与他的关系。

2. 总结老板的性格特点，做到先他一步反应

了解老板的态度，是为了掌握他的性格特征，例如，你的老板是个态度非常严谨的人，从不放过任何细节。那么，你每次完成工作后，都要认真检查几遍，再交给他看，以免中间发生错误，让老板不高兴。

从心理学角度说，每个人都希望和志同道合的人一起。一旦掌握了老板的性格，就有可能在他还没有做出反应前，你就已经有所行动，从而制造一种“假象”：你与老板是“心有灵犀”的。

这种员工常能得到老板的欣赏和依赖，让他觉得，你可以为其分忧。时间久了，便容易形成默契，你越了解老板，老板越离不开你。

3. 了解老板的真实想法，从而判断其属于哪种性格

不要惊讶于不同老板对待工作的不同态度，正说明他们的性格不一样。从老板对一件事情的态度上，可以判断他的性格。

老板给人的感觉是，下属永远摸不透他，哪怕共事很久，都很难猜测下一步，他打算做什么。这是因为员工没有真正领悟他的态度，老板可能会“说谎”，但他的态度能说明一切。

很多员工感觉累，是因为没有用变化的眼光解读老板。例如，团队换了新老板，员工也要马上进入磨合状态，不能用“老眼光”对待。

老板的性格会被他“挂”在脸上，就看员工是否愿意去读懂。他的真正想法，会在不经意间表现出来。值得注意的是，不要将老板们相互比较，和不同老板打交道的时候，一定要先掌握他对一些重要工作的态度，以便做出更正确的判断。

4. 默契是可以被制造出来的

工作的时候，你会遇到不同性格的老板。起初，或许你无法适应他，但等到充分了解他之后，就容易形成“默契”。

身为员工，应当尽可能适应老板，切忌以自己为中心。例如，你的老板非常挑剔，你就要做到凡事注意细节，每次完成工作后，最好先检查几

遍，再交给老板，做到尽可能避免错误的发生。

从老板的角度看，能够与自己形成默契的员工，才可以长期留在身边，才可能委以重任，因为这类员工可以减轻他们的“负担”。

当员工与老板形成默契后，双方的心理压力都会减少，大家就有更多精力去处理工作。时间久了，上下级关系便趋于良性发展。

5. 行为不代表态度，只有读心，才能走进老板的内心

很多员工只会观察老板的行为，从而判断他们的想法，这种方法并不全面。老板的行为并不代表他的态度，甚至会为了掩盖内心的真实想法，而作出反常的举动。

员工必须认真解读老板，综合分析老板的神情、语言、动作等，从而得出更准确的答案。

不同的老板性格存在差异，所以需要员工尽可能全面地分析。这样做的目的，是为了与之形成一致步调，尽量做到迎合老板心思。

读心寄语

- 客观对待不同性格的老板，重点掌握他们关心与忌讳的事情。
- 老板并不高深莫测，关键在于你是否愿意去读他的心。
- 分析老板情绪变化的原因，以便“对症下药”。

男／女下属眼中的女／男老板

职场中的“性别差异”，往往会导致男/女下属看待女/男老板的态度不同。正因为男性与女性在处理很多问题的时候，会有不一样的方法，所以导致他们会不埋解对方的言行，甚至因此产生不良情绪。

实际上，对待异性老板，需要站在对方的立场上考虑问题，才更容易理解。一般情况下，老板多为男性，他们更具有控制欲望，自尊心也很强，属于“非常要面子”的类型。

相对而言，女老板的性格比较柔软，却因为工作原因常被说成“脾气不好的人”。如果员工看待老板的时候，都带有负面情绪，就无法真正领会老板的意图，会给工作造成很大障碍。不妨尝试走进老板的“世界”，了解了他们都在想些什么，多进行交流，才会有“共同语言”。

李宇杰是某公司的销售部专员，他的上司是一位美女。三十多岁的年纪，脸蛋和身材一样漂亮，更“漂亮”的是她创造出来的业绩，几乎成为全公司的“典范”。

这样一位漂亮的老板，却非常严厉，例如，她说过的话不会再讲第二遍；她要求做到的工作，必须按时完成；对下属所犯的常识性错误会给出严厉批评……同事们都说：“这个美女上司，很难有心情美丽的时候。”

然而，李宇杰却能恰到好处地“关心”他的美女老板。某次，他发现上司有些感冒，连同嗓音都非常沙哑，趁着她中午出去吃午饭的机会，李宇杰买了一些治疗感冒的药物，交给这位美女上司，非常诚恳地说：“下午您还要开会，这个药的效果不错，两个小时之后就会有效果，不会耽误您下午的工作。”对方先是一愣，然后非常客气地接过药品，并且报以感谢。

下午的会议上，这位美女上司的状态果然好很多，会议进行得顺利、高效，她还当场对李宇杰的计划方案做出了点评，好让他在第一时间知道还有哪些地方需要修改。

可见，即便是再严厉的女老板，也有“脆弱”的时候，如果可以适当地表现出关心，就可以缓解与对方的关系，有利于今后的工作。当“她”生病的时候，李宇杰既没有表现得很冷漠，也没有过分体贴，而是从下属的角度去关心老板，分寸拿捏得非常好。

当男下属遇到女上司，或是相反情况的时候，员工就需要通过改变自己的观点，并结合老板的性格特征来“对症下药”，以起到令双方关系变得融洽的目的。

1. 当男员工遇到女老板

如今，职场上的女老板已经不是少数，当男员工遇到女老板，先要了解她的性格，才能相处融洽。通常情况下，女老板的心思比较细腻，观察力也很细微，她们善于留心下属的一言一行。而男员工却常表现得大大咧咧，这是需要改进的方面，尤其是在女老板面前，不能过于随便，凡事都要注意分寸。

正因为男女有别，所以男员工应该尽量避免在“她”面前开玩笑，尤其是同性间才能开的玩笑。一般来说，女性更希望获得别人的赞美，男员工不妨多“赞美”女老板，不过要注意语言，态度亦应当诚恳些，虚情假意会招致对方反感，造成弄巧成拙的后果。

有不少男性朋友抱怨：总是摸不透女老板的情绪，前一秒还“阳光灿烂”,后一秒就“乌云密布”。男员工觉得女老板很不好相处,于是采取“敬而远之”的方式。在“她”看来，下属是在选择逃避，正因为没有一位老板希望员工“远离”自己，因而这是一种消极做法。

所以说，男员工千万不要在女老板面前表现得躲躲闪闪，需要适当增加与“她”的接触，才能加深彼此的了解，从而减少误会的发生。此时，如果男员工可以换位思考，就容易理解女老板的苦衷，有助于建立起良好的合作关系。

案例中，李宇杰之所以令女老板的情绪发生转变，主要是因为他用了合适的“关心”方式。有时候，在某些不起眼的小事上，男员工如果可以表现出适度的“体贴”，对缓和双方关系有好处。不过，男员工也不要过于“自作聪明”，觉察到女老板有一点不舒服，就马上采取行动，这种过于细腻的表现，反而令对方觉得男员工缺少男子气概。

通常来说，异性相吸是很普通的心理特征，这就要看男员工能否抓住机会，采用适当的方式在女老板面前表现自己，努力赢得对方的欣赏。当然，男员工关心女老板的时候，要掌握好“度”，以免令别人误会。

总之，在男员工看来，正因为女老板的心思过于细腻，所以常常能发现工作细节上的不完美,如果男员工可以克服“忽略细节”这个缺点,“她”对男员工的看法就会改善。此外，适度赞美和关心女老板，对改善工作关系有很大好处。

2. 当女员工遇到男老板

当女员工遇到男老板,同样遵循异性相吸的道理。与女老板不同的是，男老板常常表现出大气的风格，不拘泥于细节，有较为宽广的胸怀。然而，女下属的性格却是比较细腻的，当男老板说了某些话，或是一个不经意的举动，都会令女下属思量很久，这样一来，就容易形成心理负担。

实际上，男老板并不是不注重细节的人，而是因为他习惯于用俯视的角度看待事物，可见，男老板善于抓住大局，喜欢用长远眼光看待事业，这往往是女下属所欠缺的。所以说，当女员工尝试从宏观的角度看待工作，关注点更加全面的时候，便更容易理解男老板的想法。

此外，男老板都“好面子”，这是在男性的自尊心催使下产生的，“他”更希望被别人崇拜。如果女下属可以表现出这一点，会令男老板信心大增。当然，这个过程中，女员工应当表现出诚恳的态度，敷衍或是夸张的表现，都会适得其反。

读心寄语

- 正因为异性相吸，所以不同性别间的老板与员工，更容易产生情感投资的“缝隙”。
- 不论哪一种性别关系，与老板交流的时候，都应当拿出诚恳的态度。
- 掌握老板的性格特征，有利于员工“对症下药”。

新老板的秘密

如何读懂你的新老板，成为令很多人头疼的问题。正因为对他一无所知，便更加希望在短时间里了解对方，其中包括他的性格特征、办事风格、兴趣爱好、生活习惯等，只有了解了这些，才能协调好与他的关系，反之则有可能影响今后的工作。

通常情况下，新老板希望用最短的时间在下属面前树立威信，这就需要下属给新老板足够面子，才能缩短双方的磨合期。实际情况是，新老板只会去了解团队现状，而不会因此改变自己的处事方法，为了尽快达成一致，就需要员工努力地适应新老板。

很多人有这样的情况：与原先上司的关系并不好，甚至出现过不少摩擦，当新上司上任，便觉得松了一口气。因为总算可以通过新一轮努力，来赢得这位老板的欣赏，事实真的是这样吗？

在G公司上班的李峰，这两天挺开心，因为他得知原先的上司过两天就要被调走了，而自己工作长期压抑的情绪总算能够得到缓解。对于新上司的到来，李峰心中充满了期待。

令人开心的是，新老板的做事风格、思维模式以及对待很多事情的态度，都与李峰非常相似，两人甚至有很多相同的爱好，这让李峰得以更卖力地做事，希望能够被新上司赏识。

然而，现实并不像李峰想得那般美好。他不仅没有获得新上司的赞扬，还常常受到对方的批评，可以说“这位新上司一点都不待见李峰”，这让他百思不得其解。

这是令很多人纳闷的事情，当自己已经极力“讨好”新老板的时候，为什么却得不到一丝欣赏呢？原因很简单：当李峰觉得新老板的性格与自己“相仿”的时候，对方并不这么认为，正因为新老板对下属的了解甚少，却又急于想摸清下属的“底细”，所以会从上一任管理者口中获得信息。这时候，“上一任管理者”会通过带有个人情绪的语言介绍员工，这便是新老板同样不欣赏李峰的主要原因。

李峰在上一任老板跟前，就很难受到器重，当新老板得知这些后，就会对李峰存有防范之心。而李峰在新老板的面前又表现得过于勤奋，面对这么拼命的下属，新老板难免觉得他是在抢功，害怕他日后会威胁自己的位置，所以才会处处打压李峰，是为了免除后患。这是新老板普遍拥有的心理特征，值得下属重视。

面对新老板，不少员工都认为：我要好好干，争取给新老板留下良好的印象。尤其对于那些性格与自己相似的新老板，员工的此种想法就会更加强烈。从对方的角度考虑，刚刚上任的这段时间，他的“地位”还不够稳定，如果下属表现得过于努力，或是善于奉承，都会令其不安心，特别是从上一任管理者口中得知“某些员工表现不好”的时候，心中的不安全因素又增加了，这便是新老板的“秘密”。

那么，员工应当如何与新老板相处呢？

1. 处处表现出对新老板的尊重

同继续在团队中工作的老员工相比，新老板算是团队新人，面对“人生地不熟”的环境，非常需要员工的靠拢。这时候，越表现出对新老板尊重的员工，越能在短时间内获得对方认可。

切忌说新老板的坏话，也不要觉得自己是“老资格”，于是不尊重新老板,这些不良行为,都会为将来的工作埋下隐患。哪怕你是团队中的“元老级员工”，都无法改变从属于老板的现状，与其采用这种情绪化很强的“对抗方式”，不妨发现新老板的优势，并且尊重他，才会令新老板对你有好的态度，因为员工的尊重会帮助其产生安全感。

2. 把功劳分给新老板

新老板在刚开展工作的同时，还要树立威信。此时，如果员工很识趣地将功劳分给他，对方会感觉到你的“忠实”，对于一个老板来说，员工拥有这个特征是非常重要的。

从老板的角度说，自己在团队中的分量越重，越能产生安全感。他期待这样一个局面：员工是在自己的带领下，才获得今天的成绩，没有自己，团队就无法得到发展。

想要老板实现这种期望，就需要员工将成果拿出来与老板分享，最好将主要成绩归结为老板的带领。很多人存在误区：同老板分享成果，是要我把奖金拿出来分给他吗？

事实并非如此，老板更希望员工把荣誉拿出来，与他分享。例如，当你受到表扬时，最好不要独享荣誉，可以将其归功于老板：“哪里，如果没有您的指导和带领，是不会有现在的成绩的，主要是您的决策好，我才得以执行。”

当然，说这些话的时候，要表现出真诚的态度，令老板实实在在感觉到你的谦逊和识大体。

3. 在老板面前表现出善意和愿意追随的态度

正因为新老板担心员工“来者不善”，所以在他面前表现出善意是非常重要的，老板最害怕有能力的员工会令他的位置岌岌可危，所以凡事不要表现得过于聪明。例如，不要在新老板面前高谈阔论，也不要在更高一级管理者面前告他的状。作为员工，或许只是想将自己认为正确的方法说出来，但是否采纳是老板的工作，并不由你控制，表现得过于坚持，原本善意的行为在新老板面前都显得“带有恶意”。作为下属，会认为新老板对团队环境还不熟悉，所以想要提供更适合的处事办法，但是这正好戳中老板的“痛点”。

实际上，不同老板有不一样的管理风格，不妨跟着新老板的“脚步”，逐渐适应他，而不是令其适应员工。这样一来，在他眼中，员工是善意并且愿意追随他的，双方合作起来也会更加融洽。

读心寄语

- 新老板害怕老员工会令其位置“有危险”，不妨尝试让其“放心”，能够迅速缓和双方关系，在第一时间进入工作状态。
- 尊重新老板，就是尊重自己的“饭碗”。
- 新老板是将来与你共事的人，不妨一开始就表现出“追随”的态度，会缩短与对方的磨合期。
- 永远不要独占功劳。

解读你的洋老板

随着外企和外国人不断进入中国，越来越多的洋老板出现了。他们来自不同国家，因为文化、生活背景等差异，洋老板们也表现出不一样的工作风格。如何摸清他们的性格，成为建立融洽工作关系的关键，先来听听这两名员工怎么说：

Ben，某日企职员，工作5年，担任质量部主管。Ben说："如果老板是日本人，一定要注意自己的心态，要戒掉骄傲和急躁的毛病，总的来说，拥有平和上进的心态很重要。日本人都有比较强烈的自尊心，我的老板就是很要面子的人，并且做事很讲条理性，不论遇到多么紧急的情况，都会按照工作的轻重缓急处理。日本老板很喜欢用沟通的方式解决问题，作为下属，一定要注意语气和方法，切忌蛮不讲理。应当尊重老板，如果觉得自己的想法很有意义，不妨耐心地讲述给老板听，保持良好的谈话氛围是与日本老板打交道的关键。"

大卫，某德国品牌企业职员，上司是德国人。大卫是这样描述老板的："我的老板有四十多岁的年纪，同其他德国人一样，他做事非常讲原则，简单地说，就是一板一眼那种。虽然他对下属的要求非常苛刻，但这正是德国品牌的隐形标志，当老板用近乎完美的要求对待员工时，我们不敢松懈。还有，我的老板有很强的时间观念，他不允许员工迟到，如果真的有特殊情况，必须事先请假。当然，我的老板在团队中很有威信，因为他能够以身作则。”

可见，来自不同国家的老板，拥有不一样的风格与气质，想要与其好好相处，就必须了解对方的工作习惯。虽说每个人的性格都存在差异，但是当员工把握了整体情况后，就能在最短时间内找到与洋老板的相处之道。

1. 日本老板

虽然通过 Ben 的描述，已经对日本老板的性格有了一定认识，但并不全面。如果老板是日本人，工作的时候一定要注意细节，并且注重礼节。等级制度分明是日企文化的一部分，员工应当非常尊重老板，哪怕是走路，都不能走在老板的前面。

不仅对于老板的尊重不能含糊，在日本上司面前，还得注意自己的着装。不论男性还是女性下属，都得每天换衣服，以干净整洁的形象出现在办公室。甚至可以说，日本老板对于员工着装的要求，高过其他任何洋老板。

2. 德国老板

关于德国老板的性格，也有需要补充的地方，他们似乎永远保持着严谨的态度，用同样的态度面对任何工作：精益求精。

德国老板有很强的原则性，事情一旦被计划好，就不会改变，正因为他们要求每一项工作都非常完美，所以对待下属亦是这样的态度。想要赢得德国老板的欣赏，就必须对自己严格要求。

此外，德国老板似乎热衷于研究“哲学”，如果可以在业余时间多了解相关知识，不仅能够更深层次地理解对方的想法，对自己来说也是提高，同时更容易获得德国老板的赏识。

3. 美国老板

正如美国民主开放的社会风气一般，美国老板也会在团队中营造较为轻松的气氛，更注重员工的个性，甚至可以说，美国老板很尊重下属。我认识不少美国老板，似乎可以从他们身上找到孩子般的率真，说话不习惯藏着掖着是他们的特点，这种直爽使得团队氛围非常轻松。

如果上司是美国人，可以直接将想法告诉他，若是工作意见出现分歧，员工可以直接同美国老板争辩，不必担心礼节等问题，争辩的结果有两个：老板赢或是员工赢。假如是前者，这位美国老板一定会得意洋洋，喜悦之情溢于言表；假如是后者，美国老板也不会不高兴，并且乐意接受下属的意见。

此外，美国老板很喜欢积极主动的员工，你可以用良好的能力打动老板，但是不要过于讨好，对于美国老板来说，任何东西都没有业绩更能打动他。

关于美国老板的性格，还有一点很重要，他们不喜欢会撒谎的员工，更加看重员工是否真诚。一旦工作上出现错误，最好自己承认，切忌隐瞒和推脱。职场是个比较特殊的环境，既然说到了美国老板，就不得不说他们对隐私的重视，应当牢记“不要在老板背后说三道四”，也不要妄加猜测老板的想法，以免触怒他们。

4. 英国老板

英国老板喜欢做事认真谨慎的下属，他们对工作是非常执着的。值得一提的是，英国老板似乎格外照顾下属，有时候为了衬托员工的能力，反而摆出一副自己没有准备好的样子；有时候，他们还会发扬绅士风度，帮助员工建立积极的心态，通过努力，将那些员工认为无法完成的工作做好。

英国老板喜欢在团队内营造敬业的氛围，他们很讲原则和计划性，如果安排下属去完成某项工作，就必须按部就班来，虽然很少步步紧逼，但时常跟进，这是英国老板的习惯。正因为非常职业化，所以在对待工作方法、时间安排、项目进展等的时候，英国人都非常仔细，“专业性很强”是对他们最中肯的评价。从另一个角度说，英国老板是不会轻易改变观点的，在外人看来，他们似乎有些固执。

5. 法国老板

如果遇到的是法国老板，一定要注意，他们是非常爱国的。大多数法国人会因为自己的国家而骄傲，当了解了这一点，就不会因此“踩雷”，引起老板的不满。

很多人说：“法国老板是非常小气的。”这体现在什么地方呢？他们在将技术或是经验传授给员工的时候，常常有所保留，从另一个角度说，这样做可以给员工更多锻炼机会，是用一种“授人以渔”的方式，让员工真正掌握处事方法。

当然，并不排除法国老板心中有不安全感，担心“教会徒弟饿死师傅”的事情发生。如果真的是这样，员工只要做好分内的事情就可以，不必有过多心理负担。

关于法国老板，有一点性格特征非常明显，就是他们在上班和休闲时间里，几乎判若两人。工作的时候，他们非常严肃认真，而工作之余，却表现得很随意，甚至会和下属开玩笑。

6. 洋老板的特殊性格

因为不同背景，员工觉得很难把握洋老板；由于文化上的差异，洋老板们也很难猜到员工的想法。正因为如此，员工对他们的抱怨也很多，不妨试着从他们的角度理解问题，以免工作出现不愉快。

来自异国他乡的洋老板，难免会感觉不适应。但毕竟他管理你，员工应当表现出对老板足够的尊重，员工越支持他，他的信念就越坚定，这对双方都是有好处的。

一般情况下，洋老板说话都非常直接，属于对事不对人的那种，员工应当注意这点，不要因此误会。试想，如果老板愿意将想法告诉你，难道不是信任你的表现吗？

对于洋老板的批评，应当客观看待，在外企上班，拼的主要是实力，如果你很优秀，就有升迁的可能。

洋老板很需要下属的支持，如果员工可以体谅老板，并做好沟通工作，对方会非常欣慰，这也是增进双方关系的重要途径。

洋老板很重视员工的能力，谁可以解决实际问题，谁就能被委以重任。洋老板的内心并不复杂，他不会妒贤嫉能，反而希望身边出现有能力的员工。身为下属的你，如果可以在老板遇到困难的时候，予以帮助，是表现自己的绝佳机会，可能洋老板就会因此而重用你。

还有，不要对洋老板有太多顾虑，应当以积极的态度面对他们，这些来自海外的老板，对本国情况不甚了解，所以更有利于下属表现自己。值得一提的是，展现自身能力要分场合，一旦时机成熟，洋老板肯定会对你刮目相看。

洋老板不喜欢爱逃避的员工，不论发生什么，都应当积极面对。在洋老板看来，谁可以出色地完成工作，谁就是最棒的，尽管期间会遇到很多困难，只要最终结果令人满意，洋老板都会很高兴。

读心寄语

- 先弄清楚洋老板的性格，再“对症下药”。
- 不要触及洋老板的“禁地”。
- 当你还不了解洋老板的个性时，必须保持小心翼翼。

了解老板类型要由表及里

想要充分了解老板，必须清楚他的性格，这不是一朝一夕的事情，而是要通过观察对方的言行，从而探究他的内心世界。时间久了，便会“掌握”老板的处事风格和思维方式，知道他更加重视工作中的哪个环节，有利于双方的沟通。

这个过程中，需要考验员工的观察力。正因为行为是被思维控制的，当老板做出某种行为的时候，员工就应当联想到他的内心活动，等到老板再次出现某种言行，员工就能猜测出他想要表达什么。从员工的角度说，做到这点有利于处理好日常工作。

王凯是某公司职员，虽然跳槽到该公司时间不长，但深得老板欣赏，甚至在私下，他们还是关系比较好的朋友。

王凯刚来公司的时候，便有同事在他耳边嘀咕：“老板的脾气很坏，做事要小心一些。”面对这些善意的提醒，王凯总是报以微笑和感谢。

某次，公司组织员工外出旅游，来到某景点处，老板拿出单反相机，并且支好架子，准备拍摄。拍完周围的景色，老板将作品拿出来与员工分享，有些人说：“您的摄影水平真高，不论选景角度，还是光线，拿捏都非常到位。”

老板并没有因此非常开心，而是仔细看了看相片，说：“其中好几张照片明明没有拍好。”这时候，王凯说：“刚才照片翻得这么快，大家都没有看清楚，确实挺好看的。只是其中有两三张照片，光线似乎有些暗，不知道您是否就想拍出这样的效果。”

这时候，老板来了兴趣：“看来你是个内行，我也觉得这几张照片拍得不好，刚还没找出来原因，被你一语中的。快说说看，我需要怎么改进？”

接着，王凯就和老板讨论了起来……

回程的车上，王凯想：其实，老板的性格，并不像其他员工说的那般古怪，他反倒是个就事论事的人，很少针对员工发火，而是针对某件事情，只是常常被员工误以为是冲着自己发火。通过拍照的事情，可以看出老板是个虚心的人，他对待事情非常认真，甚至到了精益求精的地步。

就这样，王凯常通过观察老板的言行，发现对方的性格特征，所以他才能够在短时间内，与老板建立良好的工作关系。

很多人急于知道老板的性格，便采取向他人询问的方式。同事描述他们眼中的老板，总是带有主观色彩，你反而会有疑惑：似乎我眼中的他，并不是这个样子。

为了避免这种情况的出现，不妨通过观察你的老板，总结出他的性格特征，看到他第一眼的时候，并不能了解对方的内心世界，但是随着交流的深入，会慢慢发现更多东西。所以说，了解老板要由表及里，既不能通过第一眼，就判断对方的性格，也不能听之任之。老板的内心发生什么转变，都会从行为上表现出来，而员工只能先看到他的行为。更关键的是，要通过分析这些行为，从而总结出，你的老板属于什么类型的人。

1. 易怒型老板的特点

在员工眼中，老板似乎都是“暴脾气”，因为受到各种客观因素的制约，“老板喜欢发火”成了再正常不过的事情。如果你真遇到了一位喜欢发脾气的老板，就要找到其发脾气的原因，然后“对症下药”。

如果是私人问题让其容易发怒，作为员工，是无法解决的。但是，这种情况下的怒火，总会显得“快”而“猛烈”，当然，老板不会无止境地对员工发脾气，毕竟这种负面情绪来自于他的私人世界。那么如何避免呢？不妨“躲起来”，等老板的气消了再说。

有些老板喜欢摆架子，加之本身性格不太好，发脾气就成了家常便饭。员工仅靠一己之力，是无法改变现状的，应当想着如何“避开锋芒”，以免出现火上浇油的情况。

2. 少言寡语型老板的特点

有些老板常常给人“稳坐钓鱼台”的感觉，他们看上去永远很平静，也很少说话，同样令员工觉得不好相处，似乎从来不知道老板在想什么。

这就给下属出难题了：老板喜欢什么？讨厌什么？

实际上，员工完全可以通过日常工作，观察这类老板喜欢和什么人接触，通常分成三种情况：

喜欢同性格活泼的人交往，说明他们的内心渴望热闹，表面看上去喜欢沉默，多半与成长环境有关，这类老板本身就不擅长交际。作为下属，不妨多建立沟通平台，并且在适当时机与之交流，更容易形成良好的工作关系。

喜欢同少言寡语的人交往，这类老板都非常严谨，说话更是惜字如金。如果在他们面前表现得过于活泼，反而会被认为不稳重。所以说，应当在他们面前表现出成熟、老练的样子，并且戒骄戒躁。

喜欢介于两者之间的人，他们的性格似乎更加“捉摸不定”。因为你不知道从什么时候开始，他们就会变得沉默，就需要员工找到令其感兴趣或是讨厌的事情，面对前者，老板肯定会因为心情好而“高谈阔论”，面对后者，老板自然不愿意多说。

3. 挑剔型老板的特点

一般来说，老板都喜欢挑刺，时间久了，很多员工习以为常。在挑剔型老板的内心深处，是缺乏安全感的，担心工作出现失误。这类老板是要求非常严格的人，宁愿被下属讨厌，也要不断在日常工作中“挑刺”。他们这么做，是希望员工能理解管理工作的艰辛，作为员工，要尊重和理解他们，从老板的角度说，他们想要培养出一支训练有素的团队。

当然，老板“挑剔”的原因还有很多，但不要因此对他耿耿于怀。无论怎么说，老板的不断“挑刺”使得员工处于高度戒备的状态，使得人人有危机感，对于一个团队来说，也是有好处的。作为员工，不妨同样用高要求对待自己，有助于提高自身素质。

4. 疑心过重型老板的特点

有些老板的疑心很重，对待任何事情，都是狐疑态度，作为员工，会觉得自己“总是被怀疑”。实际上，很多老板不是出于下意识的行为，而对员工产生怀疑态度，就像这已经成为习惯，常常出现在工作中。

了解到这样的情况，员工可以采用迂回战术，例如，向老板汇报工作的时候,尽可能做到注意细节,员工做事越细致,老板越无法察觉到漏洞。

日常工作中，这一类老板会处处提防员工，并且忌讳员工与自己争论，他们之所以疑心过重是害怕员工不尊重自己，或是令自己的位置岌岌可危。出于这种原因，老板的言行都会有所保留，作为员工，应当表现出尊敬的态度，功劳要与老板分享，才能缓解对方心中的焦虑与疑惑，建立良好的雇佣关系。

5. 吹毛求疵型老板的特点

员工都希望遇到通情达理的老板，但事实往往与之相悖，不少老板对下属要求过高，甚至到了“吹毛求疵”的程度，让人很是受不了。

这类老板通常对下属要求过高，他们渴望建立拥有较强竞争力的团队，加之本身性格非常要强，处事风格也很“彪悍”。日常工作中，这类老板会非常注意细节，甚至没有达到他的要求，便要从头来过，还会常常指导员工做事，哪怕一丁点不满意都不行。

这时候，员工应当表现出认真聆听、虚心求教的态度，使对方感觉下属非常尊重他，对缓和气氛有好处。

当然，对于老板吹毛求疵的态度，员工应当想到自己是否真的存在相关问题，如果有，马上改正，同样会给老板留下好印象。

正因为老板自身也存在工作压力，在员工看来是“吹毛求疵”的事情，在老板眼中却是“精益求精”。老板希望工作越完美越好，团队才有竞争力，理解了这一点，你就会更加注重工作中的细节。

此外，吹毛求疵型老板的内心，同样充满不安全感，他们担心下属不服从自己，甚至让自己地位岌岌可危。这些都可以从他们“挑刺”的内容上看，对于某些无关紧要的事情，老板还在不断挑刺，就有这方面原因之嫌，那么如何应对呢？不妨多向他汇报工作进展，同时收敛锋芒，将埋头苦干的一面展现出来，是促进老板情绪平复的重要方法。

读心寄语

- 真正了解老板，必须通过观察他们的外在言行，掌握他们的性格特征。
- 不同类型的老板，有不一样的处世观，员工只有适应了，才有利于工作。
- 巧妙应对老板的缺点，就会形成互补性格。
- 在不了解老板的个性前，他们都不好“伺候”。

与不同星座老板的相处之道

每个人之间都存在区别，更何况处于领导位置的老板，正因为具备独特的性格，才能成为团队的领头人，面对不同星座的老板，员工要通过充分了解，才能真正把握其心理。有些人说：“我觉得压力很大，老板随时会考验我，做得不好就会被淘汰。”如果可以“掌握”不同星座老板的性格特征，情况就会大不相同，不仅成为老板欣赏的员工，自己的能力也会不断得到提高。

刘强是某企业职员，她的老板是个三十多岁的中年人，对工作极其认真，并且非常注重细节，对员工的要求也很高。

有一次，刘强花了两天时间完成了年中总结报告，交给老板批阅，本以为对方会因为这份有创意性的报告而表扬自己，没想到老板却说：“其中有五六处错别字，我已经标出来了，还有几处用词不当，你去修改一下。”

刘强又坐在电脑前修改起来，心里却犯嘀咕：“老板也真是的，不就是一些小错误吗，有必要这么认真吗，等交去总部，那边的领导还不一定看呢。”

午休的时候，刘强和同事说起早上的经历，对方说：“你还不知道吧，老板这是典型的金牛座性格，凡事都要特别精准，不允许出现任何问题。”

刘强恍然大悟，原来是自己太不了解老板了，回去之后，她又上网查了一些关于金牛座的资料。

后来，刘强处理工作的时候，便格外留心老板的性格，出现失误的次数明显减少。

可见，不同类型的老板都有与众不同的地方，作为员工，要尽可能多地了解老板，并分析总结老板会在工作中有什么样的表现，这是令自己能够让对方满意的重要方法。刘强在知道了金牛座老板的性格后，改变了工作态度和方法，最终缓和了工作气氛，也令自己更得老板赏识。

日常工作中，要通过观察老板的言行，总结他们的性格，从而避免做出令对方不愉快的事情，这个过程中，你还需要注意这些细节：

1. 不同星座老板的与众不同之处

星座不同，自身的特点、行为习惯、对待员工的态度也不尽相同。作为长期在老板手下做事的员工，也要“看人下菜碟”。与之共事时，不但要打起十二分精神，切忌怠慢工作，避免惹火老板，还要了解不同星座老板的特性，这样才能“对症下药”。

不同星座的老板，性格上存在很大差异，这就是为什么有些老板喜欢热闹，有些老板不太爱说话的原因。正因为这种性格是与生俱来的，所以才要求员工充分了解他们，老板之所以与众不同，原因并不复杂：他们天生就是这样。

2. 与不同星座老板的相处之道

•白羊座老板

白羊座老板天生是大嗓门，体现了他们心直口快的性格。这类老板往往对事不对人，虽然有时候脾气不好，但本性比较善良，如果员工能够马上完成他交代的工作，则会令其高兴。

不过，老板也有出现工作失误的情况，这类老板希望身边这时候有人帮助他们解决。所以，与白羊座老板相处时，要随时观察老板的工作进度，如有需要帮忙之处，要尽最大努力协助老板达成目标。因为，如果你做到了，白羊座的老板就会对你刮目相看。

•金牛座老板

如果你的老板是金牛座，就要格外小心了，因为做事认真谨慎的他们，会非常注重细节，这类老板喜欢做事高效、精准的员工，最无法容忍下属马马虎虎的工作态度。

金牛座的老板，会让人有距离感，不论在工作时间还是私底下，他都不会与你太靠近。与这一星座的老板相处，要懂得把握尺度，过犹不及。如果你不分场合，表现得过于热情，就会让金牛座老板觉得你是别有用心。

•双子座老板

说到双子座老板，就会想到他们创意十足的形象。这类人很聪明，属于脑筋反应很快的那种，不喜欢死板、脑子反应慢的员工。不过，员工的好学精神能够打动他。

不过，双子座老板也有“弱点”，他们虽然精力充沛、反应快但非常善变，执行的积极性不高。与双子座老板相处，如果老板执行力相对较差，想要打动老板，不妨表现出较强的执行力，从他们的角度看，可以弥补自身劣势的员工，是很好的工作伙伴。如果你的执行能力强，就无须掩饰，尽情在双子座老板面前展现你的才华吧，因为你的速度永远难以跟上他的脚步。

•巨蟹座老板

同以上星座相比，巨蟹座老板显得很温和，这与其天生的“母性”有很大关系，员工可以利用这一点，为自己营造良好的心理环境，甚至可以逃避一些责任。

虽然在这类老板手下做事很“舒适”，但并不代表他就非常好相处。巨蟹座的性格有些奇怪，体现在工作没有效率、个性不爽快、面对选择很难下手等方面。与巨蟹座老板相处，在没有摸清对方情绪之前，最好收敛一些。不要按照你自己心中的想法揣测老板的内心，而是要看老板的眼色行事。

•狮子座老板

狮子座的性格有些“粗暴”，常出现情绪不好的时候，作为下属，最好“顺毛摸”，切忌将火浇得更旺。

此外，这类老板非常要面子。所以，与狮子座老板相处，千万不要做让他觉得没面子的事情，以免他的火气烧在你身上。

•处女座老板

再来说说处女座老板，他们是最注重细节的，如果你表现得太马虎，就会令其不开心。虽然在下属看来，老板追求完美的境界已经令自己受不了，但还是要做到顺应他的要求。

处女座老板的眼中，揉不进一粒沙，他对自己和下属的要求都非常高，这不断改进错误的过程，令人十分害怕。

这类老板的思维非常缜密，看上去缺乏创意和想象力，他们喜欢用复杂的思维去考虑问题，这是处女座老板最擅长的方面。

与处女座老板相处，就得有“从鸡蛋里面挑骨头”的态度和能力，一旦骨头被挑出来了，他就会对你大为赞赏。如果想要获得处女座老板的欣赏，不妨先从严格要求自我做起。

•天秤座老板

天秤座老板看上去总是很优雅，不过他们缺少当机立断的魄力，执行力不好是他们的弱点。常常等到机会已经消失，还没有做出决定，计划总是被搁置，是这类老板的工作产生障碍的原因。

天秤座老板的交际手腕非常了得，所以他们同样欣赏拥有较强沟通能力的员工。天秤座善于“说话”，员工要好好思量其中的含义。

不过，天秤座老板的耳朵根很软，体现在工作上没什么主见，很容易受到他人的影响。与天秤座老板相处，要把握好时机，在恰当的时间大胆站出来，帮助其坚定想法，会深得老板喜爱。

•天蝎座老板

再来看看神秘的天蝎座，这类老板往往给人高深莫测的感觉，让下属难以捉摸，使得下属既敬畏又害怕。

天蝎座老板做事很精准，面对选择也非常果断，看上去很有领导者风范，不过，这也是员工想要向他学习的原因之一。问题是，这种风格很难学会。

不过，天蝎座老板很善于处理工作关系，当他第一眼看到员工的时候，就会弄清楚对方的“秘密”，与天蝎座老板相处，是毫无秘密可言的。想要打动他，不妨一开始就将想法诚实地说出来，切忌与这类老板玩权术，因为你根本玩不过他。

•射手座老板

说到射手座老板，通常给人很好相处的印象，他们会像朋友一样与员工相处，并且表现出开朗、阳光的性格。一般来说，下属只要保持较好的性格，都能与这类老板和平相处。

执行力同样是射手座老板的弱点，他们有很好的点子，但不擅长执行。所以，与射手座老板相处，就要努力弥补老板在执行方面的劣势，这样便容易形成良好关系。同时，射手座老板会努力营造轻松、自由的工作环境，在与射手座老板相处过程中，员工不必有太大压力，只要做好分内工作就可以了。

•摩羯座老板

摩羯座老板看上去很严肃，但做事非常认真，有较强的责任心，是个很有担当的星座。虽然默默无闻，却容易出成绩。

十二星座中，摩羯座最容易成为领导者，这是由他们的性格决定。摩羯座老板非常励志，常鼓励员工，要努力工作。思维缜密是他们最突出的优点，目光和想法常聚焦于细微处，这是他们得以成功的重要武器。

摩羯座老板是有野心的，但通常不会表露出来，有板有眼是他们最显著的处事风格。这类老板有很强的计划性，最讨厌半途而废，作为员工，要注意自己是否有这些缺点。

这种性格的老板，通常表现出公私分明的态度，不会和员工走得太近。作为下属，在与摩羯座老板相处时，不要与摩羯座老板套近乎，做好自己的本分工作就好。

•水瓶座老板

如果遇到水瓶座老板，员工应当觉得庆幸，他既不会整天板着脸，也不会非常挑剔。可能刚开始的时候，员工会觉得他难以接近，一旦熟悉了，就会觉得这种类型老板的性格很好。

水瓶座老板很关心下属，很少将想法强加于某个人，在他们看来，凡事都可以商量，只要员工愿意同他讨论，问题都是可以解决的。

不过，这类老板的性格同样存在弱点，他们的想法常与社会脱节，对于领导者来说，这是很危险的。所以，在与水瓶座老板相处过程中，员工就要及时"点醒"老板，给予建设性的意见，水瓶座老板会感激你的。

•双鱼座老板

双鱼座老板很关心结果，忽略了对过程的关注，这类老板一般不会跟进工作进度，也不会主动询问下属是否遇到了困难。

在员工眼中，双鱼座老板通常记性都不太好，需要下属帮他们记住很多事情。因此，在与双鱼座老板相处过程中，员工一定要牢记这类老板答应自己的事情，以免变成“空头支票”。

但是，如果老板是故意忘记，就不要当众揭老板短，因为双鱼座的老板感情丰富，而这也意味着老板会介意你的“实话”。

如能第一时间掌握上述不同星座老板的特征，便能摸准对方的脾气，对症下药，与不同的老板和谐共处。

读心寄语

- 解读不同星座的老板，要充分联想他们在日常工作中的点点滴滴。
- 老板也是人，也会有脾气的，如果你对他有充分了解，就容易避开他的脾气。
- 老板性格中的与众不同之处，便是决定他成败的关键。
- 老板再挑剔，都有满意的时候，关键看你能否找到他心中最看重的东西。

Chapter3.

老板的身体会说话

——透过老板的肢体语言洞悉其心理

老板的脾性在肢体语言里

著名的心理学家阿尔伯特·梅拉说："信息的总效果等于7%的书面语言，加上38%的音调，加上55%的面部表情。"所以说，肢体语言在语言信息表达中占有非常重要的位置。

作为团队核心，老板是个非常特殊的角色，他在进行表达的时候，不单单会用语言，他的肢体动作同样能说明问题。作为员工，就要读懂对方的肢体语言。

想要让老板欣赏你，必须在看到他的肢体语言后，马上做出反应：老板想表达什么？他的情绪如何？怎样迎合老板的心理？

在老板看来，他不必事事都用语言向你表述，聪明的员工可以看懂他的每一个小动作，因为老板已经在暗示员工了。

点头、摇头、握拳、扬眉、叉腰……老板在做这些的时候，都蕴藏着无限含义。当他的眼神不再专注于你，可能是想结束谈话了，这时候，你找个理由离开，便合了对方的心思；当你看到老板皱眉，可能是对某件事情不满，不妨马上改变之前的处理方法，则有可能令其开心，老板也会觉得你是充满灵气的员工……总之，当你能够读懂老板的肢体语言，对改善双方关系有很大好处。

赵子琳在一家商贸企业工作，她的老板是个四十多岁的中年人，常带着严肃的表情，性格也令人捉摸不透。

某天，赵子琳走进老板办公室，见对方正坐在沙发上，便说：“领导，我想向您汇报一下，这个月的工作总结。”

对方淡淡地说：“好，我听着。”

于是，赵子琳开始汇报工作，期间老板并没有打断她，只是起身走到窗边，双手插在口袋里，脸上没有任何表情。

汇报结束后，赵子琳等着老板说话，对方简单地讲了两句。这时候，赵子琳说：“那您忙，我先出去了。”

走出老板办公室，同事问：“老板的态度如何？你有没有提新想法？”

赵子琳摇摇头：“老板现在应该没时间听我说，等到他有空的时候，我再汇报吧。”

为什么赵子琳没有继续汇报工作呢？原因便在于，她从老板的肢体语言中解读出，对方并没有认真听自己说话。老板将手插在口袋里，并走到窗边，多半是在想自己的事情，这时候，赵子琳说再多，老板也听不进去，不妨等对方有空。

由此看来，老板的肢体语言，能够给员工很多暗示。关键在于员工是否能准确解读，不妨学习以下经验，让自己具备相关能力，从而更好地处理与老板的关系。

1. 解读老板的手势

工作中，老板常会做出空中劈掌的动作，这说明他的决定非常果断，不会轻易改变想法；若是老板双手微微摇晃，说明他对某件事情表示“轻蔑”或是感觉到“无所谓”；而双手向前摊开，则是“无可奈何”的表现。

当老板将双手合拢，并且从上往下压，表明他现在的情绪有些激动，需要得到平复；如果他双手叉腰，则说明他正在下达命令，这是一种较为古典的姿势，表明自己是领导者。

有些老板喜欢把手抱在胸前，他们多半很自负；有些老板喜欢双手自然下垂，说明他们的性格比较温和，是容易相处的类型。

2. 领会老板的目光

正因为“眼睛是心灵的窗户”，所以在同老板交流的时候，要特别注意对方的眼神，眼神能够表达出一个人的喜怒哀乐。

当老板的目光聚焦在你身上，说明他在认真听你说话，并且对你的想法很感兴趣；当老板的目光比较游离，则表示他没有在意你……做个识趣的员工，切忌在老板情绪低落的时候，在一旁说个不停。

3. 观察老板的姿势

姿势是肢体语言中最重要的部分，包括站姿、坐姿、卧姿等。通常情况下，男性坐下后会将腿伸开，这表明他非常自信和豁达；女性则会并腿而坐，这表明她很庄重和矜持。

老板摆出的姿势能够体现出他的内心想法，如果员工没有牢牢把握，就有可能面临不好的结果。

如果在与老板交流的时候，对方没有正视你，说明他并不在意，你应当提出一些有建设性的想法，令其改变态度。

老板说话时，如果从上到下看你一眼，说明他很自负，同时表现出很强的支配欲望。最好不要与这类老板有正面交锋，不妨低调一些，以免他的气焰更加高涨。

如果老板用很坦诚的目光看你，甚至朝你做一些小动作，说明他想给你鼓励，或是对你表示同情。

有些老板说话时喜欢伸出食指，说明他有很强的欲望，你应当意识到：他带有攻击性。

当老板往后靠，并且将双手交叉放在脑后，说明此时的他非常自负。此时不妨多劝劝老板，等到他“回过神来”，会非常感谢你的。

很多老板喜欢从上而下拍员工的肩膀，这也说明他是支配欲望很强的人。但同时非常倔强，想显示出宽容的态度，就像朋友一样，这类老板还是比较好相处的。

老板都有一套自己的肢体语言，想要处理好与他的关系，就必须读懂这些“信息”。不过，一个人每天会摆出成千上万种姿势，每一种所代表的含义都不相同，并不是几句话能说完的，必须通过细心观察，找出老板性格上的规律，才算真正读懂老板。

读心寄语

- 不要忽略老板的每一个动作，因为它们都是有含义的。
- 肢体语言往往能表达出更多内涵。
- 解读老板的肢体语言，双方才更加有默契。

听他的话，看他的心

不仅仅是老板的推诿让人难懂，他的其他一些言行也经常是不一致的，用“口是心非”这个词来形容无疑是最为贴切的。

老板这么做的目的，无非是想通过这种手法，来看看自己的员工是不是“懂事”。他心里想的，无非就是企业的效益，因为这与他自身的利益是息息相关的。而再细化一些，企业的效益离不开员工的工作，所以他很有必要通过一些虚虚实实的言辞，来试探员工是否在真心为他工作。

某企业的老板在跟下属谈心的时候，经常会询问他们对于当前的待遇和福利是否满意。

被单独喊到办公室的员工心里本来就七上八下，听到这种问题后，大多数人自然是连连点头，说自己满意得不得了。直到老板仔细追问，才会透露一点需要改进的地方（当然也不排除少数人，开门见山地说自己不满足于现状，这种人是老板最反感的，就等他们跳出来，然后对他们进行打压）。

老板接着叹了口气说：“我们公司的状况你也知道，效益并不是多好，只能说是马马虎虎罢了。但是不少人都像你一样，想要有更好的待遇。虽然我们手上预算不多，但是我还是想尽可能地给你们更高的薪水。当然，如果你不要那就算了。”

要是你在这时候露出喜色，或者是急忙大喊“我当然要”，那么恭喜，你完蛋了。

事后，所有想要加薪，或者是表露真心的员工，都受到了明里或暗里的处罚。而那些表示以公司为重、暂时不需要优待的员工，则受到了老板的重用。

老板找你谈话，为的就是看你的真实想法，尽管之前你都掩饰得很好，但是一旦涉及自己的利益，你马上就暴露了。老板想要看到的就是这个，他想看出你的真实想法，从而确定你是不是一个全心全意为企业着想的好员工。对于那种只考虑自己利益的人，不要也罢。

老板口是心非的情况有很多，而在有些时候，他这么做也仅仅是为了给他的一些决策做铺垫。比如在会议上，老板就会试探性地抛出一个惊人的举措，来看看员工们会有什么样的反应。如果反应尚可，那么就果断推行；反之，就会去问员工反对的原因，并且揪出一些闹腾得最厉害的人。

由此，我们不难想到中国历史上的一个著名的事例——指鹿为马。秦朝时，宦官赵高执掌朝政，在朝廷上指着一只鹿说是马，这就是要让群臣站好队伍了。所有趋炎附势的人都说是马，而那些刚直不阿，或者是看不出他言下之意的大臣则坚持说是鹿。结果，自然是招来一通排除异己的举措了。

1. 老板说的话，不一定是他的真实想法

如果你仅从字面的意思来判断老板的意思，那就大错特错了。老板说的话，如果没有深意，那反而显得他没有深度，让人一摸就懂。所以一般来说，老板表层的话语中，一般表达的都不是他心中所想。

2. 语言仅仅是工具，重点要看其心意

就像很多宫廷戏中一样，皇后跟嫔妃说话，可能是一些“体己话”，但是听到别人的耳朵里，那就是另一番味道了，甚至可能引来杀身大祸。老板与你的“交锋”虽然没有那么残酷，但是其手段之高明、用意之深刻，那是一点都不差，语言这个工具被运用得淋漓尽致。

在他的话中，你要找出他的真心实意，比如一些最浅显的：他说今天有点冷，你就要主动过去把空调温度打高一些；他说业绩下滑，那就要去做几份业绩整改的策划书给他看。不管有没有用，起码他知道你听懂了他的话，并且用心去做了。

读心寄语

- 没事干的时候，多揣摩揣摩老板对你说过的话，一定会有新的发现。
- 老板说的话，不一定是他的真实想法。
- 要给老板留下一个善解人意的印象。
- “善解人意”不要过头了，想一想《三国演义》里面的杨修吧。

眼神交流传达的隐秘信息

正因为眼睛是心灵的窗户，所以员工应当从老板的眼神中，解读出想要的信息。老板是愤怒还是喜悦？他的眼神是否专注于你身上？从老板的眼神中，能否看出他对你的信任？

人与人交流的时候，眼神中流露出来的神态，是无法用言语表达的。当你与老板交谈时，必须看着他的眼睛，不仅表示尊重，同时告诉对方：你非常自信。

从老板的眼神中，你能看出他对一件事情的态度。当他对你的工作很满意，目光中就会流露出喜悦和欣赏；如果你觉得老板的眼神很锐利，说明他的情绪不太好，或是他本身性格就很有棱角……

眼神传达出来的信息，多半比言行更加准确，从眼睛可以看到他的内心。正因为人的情绪会不断发生变化，所以要更加注意老板的态度是否改变了，从而及时调整你的说话策略。

通常情况下，老板不会朝员工挤眉弄眼，如果有，则说明他的性格非常随和，甚至在私下，能够与员工成为好朋友。有些人觉得老板非常“狡猾”，是因为看到老板的眼神变幻莫测。

大多数老板都喜欢机灵、聪明的下属，如果你能够从他的眼神中，读出对方想表达的信息，他会很欣赏你。不妨通过一段案例，来了解老板是如何通过眼神，向员工传达信息的：

张强在一家超市上班，老板是个五十多岁的中年人。他在客服部工作，因为工作认真负责，加上脑子反应快，他很受老板的赏识。

某天，张强接到某位客户的投诉，对方说买回家的虾仁已经变质了，张强查看了客户提来的虾仁，确实为本超市销售的。这时候，老板从身边经过，询问了情况，第一时间向客户道歉，同时向张强递了一个眼色。

张强看到，老板向仓库瞟了一眼，他马上反应过来，对客户说："您请稍等，我马上去仓库给您换一盒。"

客户有些不依不饶："换一盒就完事了吗？我来回打车还花了几十块呢，错误是你们导致的，怎么能让客户埋单呢？"

张强先看了老板一眼，发现他直直地盯着自己，可能是想让自己同客户解释，于是说："女士，给您带来这么大的麻烦，我们深感抱歉。您看这样如何？给您换一盒今天新到的虾仁，比之前的个头大，口感也更好。"

看上去，客户的气似乎消了一些，但嘴上依旧不饶人："那我觉得自己还是吃亏了。"

张强还想说什么，老板在一旁微微眨了一下眼睛，示意他不要再讲了，自己来打圆场。经过老板亲自协调，客户终于答应拿走一盒新到的虾仁。

送走客户，老板径直回到办公室。在张强看来，这种与老板眼神上的交流，在工作中常常发生，自己做事前，先看看老板的眼睛，他想表达什么，都能从眼神中读出来。

之所以能够在客户面前展现良好的工作风格，是因为张强与老板配合默契，张强能够从老板的眼神中，读出有用的信息。从老板的角度看，机灵的员工总会被欣赏。

那么，如何解读老板的眼神，从而获得想要的信息呢？

1. 从眼部动作知晓老板内心

与老板交流的时候，应当注意他们的眼部动作，是否眨眼？是否眼珠上下转动？因为你可以从每一个小细节中，解读出他想要表达的含义。

老板说话时，如果没有看着你，可不是好现象。说明他不够重视你，或是不再愿意同你交流，不妨识趣一点，马上寒暄几句就离开。

当你从老板的眼神中读出“友好”、“坦率”等含义，甚至他向你使了一个调皮的眼神说明他对你的评价比较高，或是认为你们之间有比较好的私人关系。

与老板交流的时候，如果他只是偶尔看你几眼，目光并没有持续，说明他对你的工作情况缺乏信心，这也是值得你重视的。长期下去，老板可能不会将重要工作交给你处理。

有的老板喜欢先把员工上下打量一遍，然后盯着对方的眼睛，这说明他想知道更多信息，并且带有很强的主管意识，这类老板都有很强的支配欲望。

从老板的眼部动作中，你能发现他对你的态度，从而马上做出反应，让老板觉得：你非常会察言观色。

2. 他的眼神里，包含了哪些含义

想要读懂老板的眼神，必须弄清楚其中的含义。默契的上下级，完全可以通过眼神的交流，了解对方心中所想。

如果老板的目光非常坚定，说明他对某件事情“志在必得”；如果他的目光很涣散，说明老板的精神状况不是很好；如果他的目光很闪烁，有可能此时他的情绪很激动……

眼神多半不会说谎。与老板交流的时候，不妨多看看他的眼睛，但不要直直地盯着他，以免让他觉得你没有礼貌。

3. 读懂老板的眼神之后怎么做

读懂了老板的眼神，就要马上做出行动。例如，老板的眼神看上去很迷茫，说明此时的他比较犹豫，甚至找不出头绪。知晓这个情况后，你可以马上向老板“建言献策”，你便成了他的“救星”。

正因为眼神所表达出来的想法更加真实，对于员工来说，就能够及时掌握老板的内心动态，最终成为影响你工作的“指南针”。

读心寄语

- 眼神表达出来的信息多半是老板最想表达的，不仅要读，更要重视。
- 能读懂老板眼神示意的员工，会被认为很机灵。
- 老板的眼神可能不单单只表达一层含义。
- 先读懂老板的眼神，再开始工作。

握住“手中”的信息，你会更接近成功

人在说话的时候，通常伴有肢体语言，手势便为其中之一。正因为手部动作是在不经意间表现出来的，所以更能看出说话者当时的情绪。

员工在分析老板性格的时候，同样要注意对方手势，能够把握好手上的信息，你就能更加深得老板的心。

光从老板的语言表达上，很难体会他真正的情绪，加上手势，就比较好理解了。不妨先通过一个案例，观察老板的“手中”到底带有怎样的情绪？

毛俊在B企业上班，担任总经理秘书，经常陪同老板出席各种活动。

在毛俊看来，想要赢得老板的欣赏，不仅得有“好听力”——听老板说；还得有“好眼神”——看老板的手势；更需要有灵活的脑袋，将看到和听到的事情，结合起来分析，以不变应万变。

刚刚担任这项工作的时候，毛俊还不了解老板的性格，于是非常注意观察。

老板很喜欢将手抱在胸前，有时候也会插在西裤口袋里。毛俊知道，这说明老板是个很自负的人，很喜欢思考问题，并常常陷入自己的世界中。想到这里，毛俊便拿出非常谦虚的态度，特别是向老板提出建议的时候，很是注意语言表达。

经过一段时间的接触，毛俊慢慢了解了老板的性格。日常交流的过程中，老板也会做出某些手势，通过观察老板的肢体语言，毛俊能够第一时间理解他的想法，避免工作中出现气氛不和谐的情况。

从老板的手势中，你能读出他此时想要表达什么，如果他经常做出这个动作，就能反映出老板的性格了。知晓这些，是为了更好地摸清他的情绪发展动向，当你把握了这些信息，就能更有针对性地处理好工作。

那么，如何通过解读老板的手势，读懂他的性格呢？你可以看看以下观点：

1. 分析老板的各种手势背后，想要表达的信息

通常情况下，老板的手势分成三种：上举、下压或是平移。当老板将手上举，说明他想要表达积极向上的含义；如果他的手势向下，则说明他的情绪较为消沉，并有可能用蔑视、批评的态度面对员工。

日常工作中，会发现老板有劈掌的动作，这表示他有很大决心想要做某件事情，不会因为某些事情，改变自己的想法。这时候，员工向他提出再多建议都没用，他非常坚定。

当老板微微摇手，是让员工不要继续做，这可能是出于好心的暗示，也可能觉得无所谓，这要根据当时的环境来判断。

一般来说，当老板将双手摊在面前，则表示他也没办法，或是告诉你：结果已经是这个样子，我也无法挽回。这时候，你就不要再坚持了，否则会让老板觉得很厌烦。

如果老板将双手并拢后，还往下压，说明他正努力让自己平静下来。而双手叉腰的老板，更体现了一种君王气质，象征着在给下属下达命令，同时告诉大家：我是团队核心，处于支配地位。

很多老板喜欢将双手放在背后，看似非常悠闲。实际上，这类老板有很强烈的优越感，他认为自己是团队的绝对核心，不允许下属有半点逾越，因而喜欢听到下属的奉承。

有时候，老板会轻轻拍员工的肩膀，表达出关注与信任。如果表达了表扬的意思，说明老板此时非常真诚。

值得注意的是，有些老板在交谈的时候，会用手掩住嘴巴，说明他非常注重小节。如果你遇到这类老板，也一定要做到凡事精益求精，才能得到上司的认可。

有时候，老板会直接用手势代替他要表达的意思，例如，做出 OK 的手势、NO 的手势等。作为下属，你要及时做出反应，这也是你工作能力的表现。

2. 特殊情况下，老板的手势说明什么

工作中，可能会遇到比较特殊的情况，例如，客户向你投诉了一起从没有遇到的问题，而一旁的老板，同样给了你一个从没有见过的手势，此时，你应当怎么办？

在特殊情况下，老板的手势会表达一个较为直接的意思，当他轻轻指向仓库，可能是要你去仓库拿出某样东西。正因为情况较为特殊，所以老板也不会做出非常难理解的手势，简单明了是他的目的。

这就告诉员工，在特殊情况下，先从简单的方面考虑，看看老板想让你做什么，以保证你能够在短时间里处理问题。

读心寄语

- 手势因人而异，不同性格的老板，会在同样的情况下，做出不一样的手势。
- 结合当时环境，解读老板的手势。
- 一旦领会其中的含义，就要马上做出反应。

穿衣打扮让老板性格特征尽显

从老板的穿衣风格中，能够看出他的性格特征。如何装扮自己，几乎全凭主观想法，这就为员工观察老板提供了有利方法。老板喜欢穿什么颜色的服装？服装搭配属于什么风格？最喜欢的款式是什么？喜欢什么面料的服装？都与他的性格有很大关系。

对于职场人士来说，职业套装是最经常穿的衣服，男性老板会选择西服套装、商务休闲服装等，女性老板则会选择职业套裙或是其他通勤款服装。

并不是每一个老板都会每天穿着笔挺的西装，有些老板认为：上班就应当有上班的样子，不能穿着休闲服和拖鞋在办公室。还有的老板觉得：只要不出去见客户，上班可以随便些，反正面对的都是熟悉的员工，只要出门前打理好自己就可以了。

持不同观点的老板，有不一样的性格，前者更严谨，并且很有原则；后者的性格较为随和，让员工觉得比较容易相处。

秦朗是某品牌家电的驻外办事处销售员，他的老板大约30岁，也是外地人。

早上，秦朗早早地起来，收拾完毕来到公司准备工作。这时候，老板也从房间走出来，与穿着正装的秦朗不同，老板穿着T恤、中裤，脚上还穿着凉拖。

由于正式工作时间还没到，秦朗与老板闲聊了几句。大约十分钟之后，其他销售员都就绪，一天的工作正式开始。

临近中午的时候，秦朗接到客户的电话，对方请求他出面，解决一下商场展台位置的事情，秦朗告诉他，自己要请示老板。

敲了两次门，秦朗走进老板办公室，将客户的请求反馈给老板，这本不是他们的分内工作，但既然客户说了，自己也不好推辞。根据他的判断，老板应当会接受客户的请求，因为他眼中的老板，是个性格随和、比较好说话的人，并不会死守岗位职责。

不出秦朗所料，老板果然答应了，并吩咐秦朗去完成。

从这位老板的穿着打扮中，能够看出他的性格特征，而秦朗也是在长期与之相处的过程中，得到这些经验。员工想要解读老板，不妨多看看他的穿衣打扮，从中得到有用的信息。

1. 老板喜欢穿什么样的衣服

上班的时候，老板都穿什么样的衣服？并不是每一位老板，都喜欢穿正装。而那些每天保持职业正装的老板，多半是非常讲原则、很坚持己见、很有耐力的人，不会被某些因素打扰，很少改变主意。

如今，也有不少老板会选择休闲类的商务服装，既能够上班时间穿，又非常舒服。说明这类老板做事非常灵活，不死板，他们同样喜欢与聪明伶俐的下属共事。

很多老板会在办公室备多套衣服，开会、出席晚宴、会见客户……都会穿着不一样的服装虽然换衣服的过程非常烦琐，但是能够令自己看上去更加得体。这类老板很注意细节，思维也非常缜密，考虑问题很周到。

此外，你还可以通过观察老板所穿服装的颜色、款式，判断他的性格特征。

一般来说，穿衣风格单一的老板，性格更加沉稳，反之则较为“活泼”。这会体现在他们的工作习惯上，后者的思维更活跃一些。

2. 从配饰的选择，分析老板的性格

当然，是否选择、选择什么样的配饰，也与老板的性格有关。男老板通常会为自己选择合适的领带，能否与衬衫、西装的款式相匹配，反映出他是否有全局意识。女老板多半喜欢用丝巾装扮自己，而选择什么颜色的丝巾、如何佩戴丝巾，亦能看出她对待工作和生活的态度。

还有，很多女老板佩戴胸针，有人喜欢简单的款式，有人喜欢复杂的款式，后者在遇到问题的时候，能够想得更全面些。

3. 从鞋子的选择上，看老板的性格

如何选择鞋子，也能看出老板的性格。你首先要观察，老板的鞋子与他的服装是否搭配，很多人会选择百搭的鞋子，说明他比较怕麻烦。

女老板通常选择高跟鞋，如果她喜欢穿亮色的高跟鞋，说明她很希望成为“焦点”，身为员工，就得有“甘当绿叶”的心态。

读心寄语

- 人靠衣装马靠鞍，老板选择什么样的服装，能够看出他的性格与品位。
- 看男老板的领带，看女老板的丝巾。
- 鞋子的选择，也能体现一个人的性格。

爱“说谎”的肩膀

一个人的肩部动作，能够反映出他的想法。很多员工表示：自己并没有留意老板的肩膀，或是留意了，也没有得到任何有用的信息。

实际上，你可以从老板的肩部动作中，看出他的情绪。例如，耸肩表示他很无奈，肩膀往后拉伸说明他很放松等。

不过，老板常有一副爱“说谎”的肩膀，这是令很多员工郁闷的事情。有些时候，老板会同员工开玩笑，然后习惯性地耸耸肩，或是出现其他动作，并不能完全说明此时的心情。如果没有掌握好，就有可能影响双方的情绪。

李贤在某科技公司上班，主要负责外联工作。这天，A 客户打来投诉电话，要求李贤把邀请函上的信息更正一下，正当他摸不着头脑的时候，老板走到了他的身后。

李贤有些紧张，马上站起来向老板汇报，并说：“这件事情可能是 A 客户误会了，当时的信息，也是对方公司提供的，并交由印刷单位制作。我当时审核过三四遍，刚刚也重新检查过，也没有发现问题。”

听完李贤的话，老板只是说：“既然客户打了投诉电话，就得查清楚原因啊！”同时，他还耸耸肩膀。

这下，李贤更害怕了，心想：老板为什么会做出这样的动作呢？是不是对自己的能力很无奈？

在解读老板肢体语言的时候，一定要综合分析，以免出现“断章取义”的情况。听了李贤的汇报，他马上做出了决策：要求李贤检查出最终原因。至于为什么要耸肩，多半是因为觉得这件事情只能这么做，所以李贤没必要为此郁闷。

日常工作中，你应当如何看待老板的肩部动作呢？

1. 结合老板的言行，判断老板的肩部动作是否有实际含义

想要知道老板的肩部动作具备什么样的含义，就得结合他的言行，例如，老板此时的情绪如何？他说话的语气如何？

有些人说话的时候，会习惯性地做出肩部动作，你的老板也可能是这样，所以没必要纠结于此。

当然，结合他的言行，就可以看出他的真实心情。如果老板很愤怒，肩膀就容易颤抖；如果老板很高兴，肩膀的动作就较为缓慢。

2. 老板的肩部动作，反映出他的性格

和老板接触多了之后，就可以通过观察他的肩膀动作，找出他的性格特征。例如，习惯性耸肩的老板，说明他的性格比较随和，还有些老板喜欢时不时锻炼肩部，说明他们的精神压力比较大。

有些老板有习惯性的肩部动作，有些则会在偶然间表现出来。身为员工，应当根据老板的日常表现，分析他是否真的通过肩部动作，向员工传达信息。

读心寄语

- 不要过于关注老板的肩膀，应当结合他的言行。
- 不要模仿老板的肩部动作。
- 不要盯着老板的肩膀看。

面部表情是一面镜子

当一个人一脸愁容地对我们说他很高兴时，大概谁也不会相信他的话，原因很简单，他脸上的表情已经将他彻底出卖了。这说明，一个人的面部表情就像一面镜子一样，能够折射出他内心中真实的想法。因此，在与老板进行交流时，如果我们能够仔细观察他们的面部表情，也就能够明白他们心中的真实想法了。

孙颖昊是某公司销售部的员工，最近接手了一个策划方案。在经过一番努力之后，她终于确定了方案，并将其拿给老板过目。

老板在看过方案后，对孙颖昊说："这个方案做得马马虎虎，你回去再研究一下，看看能不能再改进。"老板虽然这样说，但是脸上满是赞赏的表情。通过对老板的观察，孙颖昊明白，其实自己的这个方案已经达到了老板的要求，老板之所以这样说，一方面是为了更好地激励自己，不让自己太骄傲，另一方面也是为了显示自己的威严。如果员工的方案第一次就能通过，岂不是让老板觉得很没面子？

于是，心中有底之后，孙颖昊又将方案仔细审核了一遍，将其中的一些小细节做了些改动。过了三四天之后，又给老板送了过去，并对老板说："按照您的要求我又重新做了一遍，您看这样合适吗？"这一次老板没有再说什么为难孙颖昊的话，顺利地通过了她的方案。

如果孙颖昊没有观察到老板的脸部表情，而只是听老板说的话，很可能就会对自己的方案产生怀疑，如果再对方案进行大幅度的整改，势必会起到相反的效果。一旦做出错误的方案，被老板再次批评，她的自信心也会受到很大打击，这对于她以后的工作将是一个很大的“坎”。所以，我们要学会读懂老板的面部表情，从而了解他们内心的想法。

1. 不仅要“听”，还要“看”

“听”固然很重要，老板的刺探、反语等玄机都在话语中。然而，只会听还远远不够，因为我们不能保证一定能够听出老板的“话外余音”，一旦会错了意，就会给我们的工作带来很多不必要的麻烦。此时，“看”的重要性就体现出来了。因为很多人可能会说谎话，但是他们的表情却不好作假，尤其是面部表情，更容易反映出一个人内心中的真实想法。

因此，一个聪明的员工，不仅要掌握“听”的技巧，更应该掌握“看”的方法，通过“看”，来迅速读懂老板的心。

2. 仔细观察，才能撕破老板的“面具”

有些老板很厉害，不仅说“谎话”，还戴着“面具”。也就是说，从他们的面部表情也很难判断出他们的真实想法。遇到这样的老板，员工就只能通过仔细观察，来找到突破点，进而一举撕破老板的伪装。

读心寄语

- “看”和“听”同样重要，要两者兼顾。
- 面部表情是我们的首选观察目标，里面潜藏着很多信息。
- 仔细观察，老板的面部表情常常会出卖他的真实想法。

头部动作的暗示信息

一个人的头部动作，也常常会“出卖”他内心的真实想法。因此，如果我们在交谈中能够留意老板的那些微不可察的头部动作，将会为我们读懂老板的心理带来很大帮助。

赵斌和刘锋同时进入一家公司工作，所做的工作也大体相同。因此，为了能够在最终的考核中留下来，两人一直互相竞争，希望通过努力战胜对方。赵斌是一个很机灵的孩子，除了工作很努力之外，还善于察言观色。而刘锋则只会埋头苦干，在他看来，实践才能出真知，因此他一直希望通过更多的努力来获得老板的认可。

很快到了最终考核的日子，老板让秘书将两人叫进办公室，想要看看他们的表现。赵斌第一个进了办公室，当时老板正在看一份文件，赵斌站在旁边，等着老板的“传唤”。见到有人走进来，老板抬头看了赵斌一眼。对于老板这一抬头的动作，赵斌马上意识到谈话时间到了，于是主动开口向老板汇报了近期的工作。在整个交谈过程中，赵斌还根据老板不同的头部动作做出了不同的应对之策，或是等待，或是主动，或是倾听，赵斌做的所有事情都让老板感到很满意。谈话在一种很愉快的氛围中结束了。

接下来刘锋进入办公室。当老板抬头看了他一眼，示意他汇报工作时，他还没明白老板的意思，直到老板亲自开口对他说“谈谈你的近期工作吧”，他才开始汇报工作。而且在整个过程中，当老板仰头思考时，刘锋还在喋喋不休地说着自己的工作情况，完全没有顾及老板的感受。

由于公司只会留一个人，所以刘锋被辞退了。

从例子中我们能够看出，虽然刘锋很努力，但是由于他不能准确把握老板的心理，没有真正明白老板的意图，从而使老板觉得与他不够“默契”，导致最终被辞退。如果刘锋能够明白老板的头部动作，读懂老板的心理，配合老板进行谈话，那么在最后的考核中他一定能够战胜赵斌。

老板的头部动作能够暴露出很多东西，值得我们仔细研究。

1.“低头”表示谦让、鼓励

如果在与老板交谈的过程中，老板时不时地将头低下，倾听你的汇报，那么说明老板是在谦让，是在鼓励你继续说下去，同时也表示他很关心你，对你的话很感兴趣。因为“低头”代表“放低姿态”，代表接纳和认可。

见到老板这种动作，作为下属的我们就可以接着放心大胆地继续汇报工作了。

2.“抬头”表示可以开始了

当我们进入老板的办公室，发现他正在工作，那么我们只好在旁边等待时机汇报工作了，因为随意打扰老板很可能会引起他们内心的不快。那么什么时候才算是时机成熟呢？就在他们抬头看你的时候。如果不是太投入，那么自己的办公室进来人老板肯定是知道的，如果他们不抬头看你，只能说明他们现在很忙，一旦他们抬起头，就说明他们准备开始和你进行交谈了。因此，我们要等待这个时机，并准确把握住。

当然，如果在交谈中老板把头仰得很高，甚至冲到了天上，那么只能说明他们很高傲，对你谈的东西根本不屑一顾。因此，老板抬头的角度，也决定了他们内心中不同的想法，作为下属要注意观察，以把握老板内心的真实想法。

3．“摇晃”表示不诚实

有时候与老板谈话时，我们会发现他们会摇晃自己的头部。这是一个危险的信号，说明老板对你说的话可能是假的，或者是他们在故意隐瞒一些事情。因为人们在说假话时会不经意地做出摇头的动作，因此，为了掩饰自己摇头的动作，他们会刻意地对其进行压抑，但是又无法彻底做到，所以就会出现头部摇晃的动作。

下属看到老板的这种头部动作时，就要留心了，老板的话中可能暗藏玄机，我们要小心应对，别上了他们的“圈套”。

4．“转头”表示回避、有所顾虑

当我们与老板谈话时，发现他们时不时将头转到旁边，而不是正对着我们，那么此时就表示老板对我们提出的工作或是想法有所顾虑。因为将头转开，就表示他们在回避我们的看法，不想按照我们所说的去做。之所以出现这样的情况，可能是他们考虑到了其他问题，因此有所顾虑。

当下属发现老板的这种头部动作时，如果想要达到自己谈话的目的，就应该拿出更具有说服力的证据，以此打消老板心中的顾虑，从而让他支持我们的做法。

老板的头部语言往往能够帮助我们更容易地读懂他们的内心。因此，在与老板处事的过程中，我们一定要留心观察。

读心寄语

- 头部的动作能够暴露出一个人的真实想法，作为下属，千万不能忽略。
- 读懂老板的头部动作，能够很容易看穿老板的心、领悟老板的指示。

抓住微表情，一分钟看穿老板心

越是细微的地方，越能体现一件事情的实质；越是细微的表情，越是能够表明一个人内心的真实想法。因此，我们提倡做事情时要抓住细节，与老板交流时，要把握他们的细微表情，那样才能够真正读懂他们的心。

霍明是一个很用心的人，善于观察周围的一切事物。大学毕业后，他进入一家广告公司做策划工作。初入职场的他，急于寻找机会，希望能够证明自己的能力。

在一次会议上，老板向大家下达了一项任务：为某家公司做一个广告策划。霍明发现，老板在下达任务时，左手在使劲地摸着自己的下巴。当其他同事还在考虑怎样回应老板时，霍明第一个站出来，接下了这个任务，并对老板说："我与这家公司的销售部门经理是朋友，这样做起事来更方便点。"老板也很欣赏他的勇气，就将这个策划全权交由他来做。

霍明之所以要接这个策划，是因为他发现了老板摸下巴的这个动作，因为之前经过观察，他发现老板在遇到工作中的一些大问题时，常常会不由自主地摸自己的下巴。这次又摸了下巴，那么就证明这个策划要么很重要，要么就很难做。但是，无论是哪种原因，都是一个证明自己能力的好时机。而且，霍明并不认识什么部门经理，他之所以那么说，完全是为了让老板放心。

在接过这个策划方案之后，霍明全身心地投入到了工作当中。经过多方调研和实地取证，再加上他本身能力出众，霍明将方案给老板看时，比预计的时间早了一周。经过大家的讨论，公司通过了霍明的策划方案，而老板也对他刮目相看，在以后的工作中，常常交给他一些重要的任务。

霍明之所以能够脱颖而出，正是在于他能够善于观察，并通过老板那些细微的动作准确掌握老板的心理。有时候，细微的表情和动作才是事情的关键所在。

1. 小细节，大问题

有的员工常常忽略老板的“微表情”，在他们看来，掌握大方向才是重要的，细节可以忽略不计。然而事实却与之相反，因为在与老板的交流中，往往是“细节决定成败”。

很多老板为了防备下属，都会刻意隐藏自己的话和表情。虽然他们很会隐藏，但是一些细微的表情和动作却是无法彻底隐藏起来的，此时就给了我们机会，如果能够把握住这些细节，我们也就能了解老板的真实想法了。

2. “微表情”，常常潜藏在习惯中

很多人觉得老板的“微表情”很难把握，因为那些表情和动作往往都是“一闪而逝”。怎样才能把握住老板的那些“微表情”呢？在此我为大家传授一种方法，那就是观察他们的习惯。一个人的习惯很难改变，而老板的习惯，就是我们的突破口。

比如，有的人在遇到重大问题时会显得犹豫、焦躁，那么我们通过观察这种表情，就能够判断事情的严重程度；有的人在撒谎时会面带微笑，那么我们在和这样的老板谈话时，心中就要有所提防。总之，一个人的习惯很难改变，而我们也正是要利用这一点，来读懂老板的心理。

读心寄语

- 细节决定成败，细微之处见真章。
- 练就“火眼金睛”，不放过老板的任何一个“小动作”。
- 读懂老板的微表情，工作才能更顺心。

Chapter4.

老板"话外音"你听懂多少?

——去伪存真听懂老板的真正意思

老板常常话里有话

在工作中，当老板向我们安排任务、分配工作时，常常会“说话留一半”，也就是不完全表达出自己的意思，而是让我们去“意会”、去“猜”。这种情况让很多员工都觉得非常头疼，因为我们一旦无法正确领会老板的真实意图，很可能就会将事情办砸，引起老板的不满，为我们的工作带来诸多不便，甚至会被“炒鱿鱼”。

林峰刚刚大学毕业，就进入一家不错的私企工作，由于刚刚跨出校门，依旧稚气未脱。虽然林峰个人能力很强，但是由于在处理工作上的事情时不懂得变通，而且对领导亚伦的“话外音”也常常听而不闻，因此引起亚伦的不满。

某次，公司交给他们部门一个重要设计方案的任务，亚伦就将这个项目交给了林峰。林峰在接到这个任务之后，就积极地投入到工作当中，不仅查阅了很多资料，还亲自跑了很多项目现场进行观摩。经过一周的努力，林峰终于将设计方案做好，然后交给亚伦进行审核。

亚伦在看过林峰的设计方案后非常满意，他对林峰说：“这个方案做得很好，不过，如果再加入一点东西，就会更完整了。”接着，亚伦将自己的想法告诉了林峰。但是在林峰看来，从专业的角度来说，亚伦提出的意见对设计方案没有任何意义。因此，他根本没当回事。

在最终的讨论会上，林峰向公司的领导们讲述了自己的设计方案，只是提到了自己的工作，对亚伦的建议和工作只字未提。因为在林峰看来，这些工作都是他自己做的，亚伦什么都没做，没有必要提他。会后，林峰受到了表扬，但是亚伦却阴沉着脸离开了会场。

没过多久，林峰就被公司辞退了，原因是他工作不努力，无法胜任现在的工作。谁都知道这是亚伦下的“绊子”，但是林峰却有苦难言，因为在这家公司中，员工的去留是由他们的直接领导决定的，公司的高层领导只看中层领导对基层员工的评价。

从例子中我们能够看出，林峰并不一定是真的要根据亚伦的话对方案做出修改，只是亚伦想让林峰明白，那份方案中应该出现他的名字，在做最终的汇报时，应该分一点功劳给他，毕竟他才是整个方案的接手人。然而,林峰却没有正确领会亚伦的“话外音”,因此也造成了两人之间的矛盾，导致林峰最终被“炒鱿鱼”的结果。

相反，如果我们能够在工作中多掌握一些信息、多领会老板话外的意图，那么对我们的工作将会有很大帮助。

再举个简单的例子：

伊利亚是一个非常机灵的女孩，善于察言观色，她刚进入某公司任职行政人员。

一次在开会时，看管投影仪的李浩不小心将机器砸坏了，那是一架从国外进口的高端仪器，价值一万多元。当着所有与会人员的面，老板严厉地对伊利亚说：“要按照公司规定严肃处理，该罚多少罚多少，绝对不能姑息。这件事情交给你亲自去办。”

在接到任命后，伊利亚并没有着急去办，而是悄悄地打听了一下李浩的背景，并了解到李浩是老板的表弟这一重要事实。随后，伊利亚查询了公司的现行赔偿规定，并为行政部提出了一个解决方案：由于工作人员非故意损坏公司财物，因此应酌情处罚，扣发一个月奖金。一个月奖金不到1000元，自然比照价赔偿要划算得多。

在做出这一决定之后，伊利亚将解决方案拿给老板进行审阅。老板看着处罚方案对伊利亚说：“这样的处罚方案是不是太轻了？”伊利亚解释说：“这是完全按照我们公司的处罚规定采取的方案，李浩确实不是故意的，而且他认错态度很诚恳，这种处罚力度很合理。”老板没有再说什么，只是示意伊利亚可以按照方案所说的进行处罚了。

在接下来的日子里，老板与伊利亚谈话时总是和颜悦色的，而且不久之后就将她提到了行政部门副经理的位置。

在工作中，由于公司的领导常常受到各种因素的限制，因此他们很多话都不方便“明说”，这样也就出现了越来越多的“话中话”，这些话中的意思，也往往需要员工们自己去认真领悟。因此，如何听懂老板的“话外音”、识破他们的“潜台词”，就成了每一位员工在职场中生存的必要技能。

1. 老板的话要仔细“琢磨”

对于老板说的话，我们不能“听一是一”，而应该仔细琢磨他们话中的潜在含义，对于他们所说的“半截话”、“话中话”，我们更应该多加留意，领会他们的真正意图。只有把握住老板话中的精髓和内涵，才能将工作做好，才能获得老板的赏识。每一位职场员工都要明白这样的道理：领会老板谈话的内在精神，也是实力的一种体现。

2. 要善于从工作中获取信息，从不同方面解读老板

除了要仔细琢磨老板说的话之外，还要从日常工作中获取足够的信息，这样才能从不同角度、不同方面对老板所说的话进行解读，做到“知己知彼，百战不殆”。相反，如果信息量不足，不能全面了解老板，可能想破了脑袋，也理解不了老板话中的意图。

比如，在会议上老板提出“这个方案要改”，却又没有直接说明怎么改，那么作为员工该怎么办？直接询问老板是非常不明智的，那样会被老板认为你是一个缺乏工作能力的人。但是又不能随意对方案进行修改，否则可能适得其反。这时信息的重要性就突显出来了，如果我们掌握了相应的信息，了解到老板对方案的真实需求，那么修改方案也就变得很容易了。

总之，要想领会老板的话中内涵，掌握的信息量必须充足，否则可能就会理解错误。

读心寄语

- 老板的话常常有所保留，因此我们要对他们说的话仔细揣摩，不能“听一是一”。
- 别把老板的话“太当回事”，也许他们“别有深意”。
- 足够的信息能够保证我们全方位地对老板进行解读。

刺探之语亦真亦假

在战场上，为了赢得胜利，敌对双方会相互刺探对方的情况。在工作中，老板为了达到自己的某些目的，也会刺探员工的虚实。与战场上不同的是，老板的刺探方式常常是以对话的形式展开的。因此，当我们与老板进行对话时，应该注意他们所说的话是不是“刺探之语”，并做好相应的准备。

那么什么样的话属于“刺探语”的范畴呢？举个例子，在工作中，我们常会听到老板这样说：“这件事很重要，我只说给你一个人听……”这种表面上听起来似乎是对你重视的话，其实老板可能已经对很多人说过了，之所以要对你这么说，也许是为了转嫁责任，也许是为了刺探你的口风，也许是对你做出的某种“警告”……总之，它绝对不会是表面上听起来那么简单。而作为员工，我们也只有正确把握住了老板的心理和他真正想要表达的意图，才能正确应对、化险为夷。

胡静是一个心思单纯的女孩，大学毕业后在一家私企担任会计，工作勤勤恳恳，虽然不出彩，但也不犯什么错误，而且对每个同事都很和气。同事张琳则与她相反，由于是研究生毕业，所以张琳总觉得自己高人一等，虽然在同一个岗位上工作，但是张琳却有些瞧不起其他同事，人际关系也很不好。

试用期还没过，胡静就被老板叫到了办公室。老板对胡静说：

“小胡，你的工作做得不错，大家对你的评价都很高啊！”胡静谦虚地说：“多谢老板夸奖，这些都是我应该做的。”闲聊了几句后，老板不经意地问了一句话：“你觉得张琳这个人怎么样？”

出于防范的心理，再加上自己的性格使然，胡静老好人地答道：“张琳姐挺好的，经常帮助我。”老板皱皱眉头继续说：“我听说她不合群，看不起其他同事，这是怎么回事？”胡静回答道：“不会吧，您可能听错了。”

看着胡静一副充好人的样子，老板挥挥手示意她可以离开了。结果在第二个月，张琳和胡静都被公司辞退了。对此，胡静不明所以，不知道自己哪里做错了。

胡静之所以被老板辞退，问题正是出在那次对话上。显然，张琳的做法已经引起了所有同事的不满，老板对此一定是调查得很仔细了，而且也掌握了足够的证据，之所以那么问胡静，纯粹就是为了试探一下她，并倾听一下她的想法。但是很可惜，胡静并没有读懂老板的心理，还一味地充当“老好人”，但是这种行为在老板的眼中却成了“包庇”。其实在对话时，老板就已经下了辞退张琳的决心，而胡静则是由于没有通过老板的“考验”，被拖累了。

老板说出刺探的话通常有以下五种目的，在此我为大家剖析一下，并提出相应的对策。

1. 变相刺探其他下属的情况

有些老板很聪明，为了准确掌握下属的一些情况，通常会与不同的下属进行交谈，然后从他们的口中获取其他员工的信息。老板通常会问“你认为 ××× 这人怎么样”、“××× 能胜任这样的工作吗”、“对于 ××× 的情况，我认为你最清楚”等问题，以此来获取想要的信息。

作为下属，比较容易听出来这种刺探性的话，而且回答这样的问题时，最好是如实回答，毕竟老板不会只问你一个人，而是会多方求证，如果你“据实不报”，就有包庇的嫌疑，会令老板对你心生不满。有的员工可能会想：“照实回答岂不是对不起同事？”其实不然。如果同事真的做错了，纸包不住火，事情迟早会泄露，而且我们只是照实回答，并非捏造，所以不必有“负罪”的心理。

2. 想要发泄一下自己的情绪

当工作中遇到问题，或者是对员工的工作不够满意，但是又没法直接向当事人提时，老板可能会找一个不相干的员工“倾吐”，毕竟老板也是人，也需要宣泄。对于这种情况，老板通常会说“工作不好做啊”、“×××这样做是不是有些不妥”等话语。

对于老板说出的这些话，作为下属的我们，只是听听就行了，要做到“一只耳朵进，一只耳朵出”，不必太在意，也不要去刻意迎合老板的心理。因为老板心中早有定论，只是想要找我们发泄一下心中的情绪罢了。

3. 为了更好地开展谈话

有时候，为了增强谈话的氛围，能够让彼此说出心中的话，老板通常会说一些“引导语”，比如“告诉你一个秘密”、“对你说一件很重要的事情”等，以此来开展话题。

对于这样的说辞，我们要理解老板的“苦心”，明白老板的真实意图，并在恰当的时机转换话题，把话题引到老板真正感兴趣的事情上。如果只是迎合老板的话题，唯唯诺诺地应声，就误解了老板的意图。

4. 转嫁自己的责任

有时候，老板会以这样的方式展开对话：“告诉你一件事情，这件事只有你和我两个人知道……”当听到老板这样说时，作为下属就应该注意了，因为这句话很可能是一个会让你“背黑锅”的陷阱。用这句话开场之后，后面通常会是老板对其他某位员工的议论，甚至是言论攻击。

老板之所以用这句话开场，就是为了给你“打预防针”——不让你说出去。事实上，世界上没有不透风的墙，在背后议论人总会被别人知道。虽然老板说“这件事情只有你知道”，但实际上他可能已经告诉了很多人，之所以要这样说，是为了在事情传开后，找一个“替罪羊”，而你很可能就是。

因此，当老板说出这样的话之后，要有反驳老板的勇气，要敢于对老板说类似于“我是个老实人，说不定不小心就会将事情说出去”这样的话，让老板不得不慎重考虑一下告诉你这件事情的后果，打消拉你做“替罪羊”的想法。

5. 套你的真心话

当老板提出类似“感觉工作怎么样”、“这样的工作适合你吗”、“工资待遇如何”的问题时，作为下属就要提高注意力了，因为这样的问话方式就是在刺探你的真心话，想明白你心中真实的想法。此时，如果应对不得当，可能就会直接被老板“踢出局”。

因此，在面对老板这样的提问时，我们可以避重就轻地回答一些无关紧要的问题。同时，在窥探到老板的真实用意后，不妨迎合一下他的心理，从而跨过这道“坎”。

读心寄语

- 老板的“刺探”无处不在，作为员工要谨慎对待。
- 要想办法发掘老板“刺探”的真实用意，然后做出正确的回答。
- 将应对之法了然于心，兵来将挡，再多的刺探也不怕。

你能听出老板的反语吗

所谓的“反语表达”，其实就是真正要表达的意思与字面意思完全相反的一种表达方式。这种表达方式的好处在于，有些不方便说，或者是不方便明说的话，可以通过这种“说反话”的方式传达给对方。当然，听的人要有一定的理解能力，那样才能准确把握话中的内涵。

说反语的表达方式在老板与员工的对话中随处可见。身处老板的位置，一方面，他们总会有很多顾忌，很多话都不便明说，因此他们常常会采用这种方式与下属交流；另一方面，很多老板故作高深，想要“考察”下属，故意将话反着说，让下属去“领会”他们话中的含义。除此之外，有时老板为了激励下属，也常常会说反话。因此，作为员工就不得不仔细掂量老板的话，弄清楚他们说的是“正话”还是“反话”。

张通是某钢铁公司的第一任总裁，接手公司时，该公司的钢铁产量一直不理想，甚至有逐渐下滑的趋势，尤其是其中一家钢厂，一直处于亏损的状态。

在对该钢厂进行视察时，张通询问了该钢厂值日班的领班，并获知他们炼了6吨钢。张通想了想说:“6吨还真是不少啊！加班加点地努力就是这样的结果？”言语间，张通特意将“不少”的“少”字加重了语气。领班一听，明白了老板虽然像是在表扬，但明明是在说反话——老板并不满意6吨这样的结果。

于是领班回去后带领工人们拼命干，结果一晚上炼了7吨钢。在夜班工人下班走的时候，他们骄傲地在工作报表作业结果一栏填上了“7”。

而日班的工人知道情况后，自然也不甘落后，于是又刷新了数字……就这样，在日夜班工人们的相互激励中，这家钢厂迅速扭亏为盈，成为了整个公司的模范。

为了提高产量，同时又顾及下属的颜面，于是张通采用了这种“反语”的激励方式。而工人们也没有让他失望，他们读懂了总裁的心思，也明白那个数字代表的含义，因此皆大欢喜。

通常情况下，老板说反话是出于以下三个目的：

1. 老板的反话，其实是为了激励你

所有人都爱面子，如果被人当众批评或是被揭到短处，都会在内心里产生愤恨的情绪。于是，老板们为了达到既能激励下属，又要保存他们颜面的目的，就会采用说反语、激将的方式。

比如，你的工作做得不好，让老板觉得不满意，他们也许不会当众对你大加批评，而只是轻飘飘地对你说一句：“工作做得不错啊，我看你还能不能继续这样干！”这可不是在夸你,而是为了保存你的颜面故意对你用的“激将法”。一个善于解读老板心理的员工，此时就该想着以后要怎么努力才能将工作做得更好，使老板满意，最好是能向老板表明决心，让他们放心。

俗话说，“请将不如激将”，老板们都明白这个道理。作为下属，我们也要明白老板的这番苦心，不要辜负了他们的好意。

2. 反话，是一种另类的表扬

我们也常常会听到老板这样说：“你这傻孩子，做起来那么困难，就

不能找人帮忙？”这可不是真的在说你傻，而是在表扬你，只不过这种表扬是用“反话”说出来的。任何一个能够理解老板心理的员工都会从心里感到快乐，因为他们明白老板这句话的含义。

因此，当听到老板这种善意的表扬时，作为员工，就在心里偷着乐吧。

3. 说反话，是为了达到试探的目的

在工作中，很多老板与员工交谈时，会采取说反话的表达方式，目的就是为了试探员工，达到他们“不可告人”的目的。

比如当老板说：“我对这件事不明白，你有什么想法？”老板是真的不明白吗？当然不是。他们之所以会这样说，完全是为了试探你，看看你了解的是否比他们多，或者隐瞒了什么。在面对老板的这种问题时，我们一定要谨慎，最好能够通过一些其他信息做出较为准确的判断，理解老板说这句话的真正意图，然后再“对症下药”，作出相应的回答。

当发现老板的话中其实是想隐藏什么信息的话，聪明的员工就会从老板的话中做出判断，而不会伸手去揭老板的短，那样是极其不明智的。

读心寄语

- 对于反话，就要“反”着听，那样才能领会老板话中的内涵。
- 读懂老板的心理，要根据实际情况去判断老板的话是“正”还是“反”。
- 要有意识地培养自己倾听的好习惯，那样才能听懂老板的话，听懂老板的心。

话后“余音”需回味

老板作为一个领导者，在讲话的时候，有时候话里有话，而且很多情况下不点破事情的本质，说一半留一半。这个时候就需要员工仔细地去揣摩老板的话后余音，正确地去理解老板所要表达的意图。如果此时的员工没有正确地了解老板的意图，那么常常会造成领导的不满意，带来一些不必要的麻烦。

在现实生活中，不是所有的上司都会把任务给你布置得清清楚楚，讲话更是存在着“话中话”。出现这种情况，很多原因是某方面的一些限制，或者是老板自身的实际情况导致的。老板的话中话,是需要员工来领悟的，这就要看员工的脑子是否灵活。如果员工理解有偏差，所做出的行为也会差强人意，老板可能表面上不说什么，但在私下会认为你是一个很愚笨的员工，对你的印象也会大打折扣。而反之，你读懂了老板的“话中话”，老板会认为你是一个可用之才，自然就会找机会提拔你。

张文娜是公司新来的一个职员，负责公司行政助理的工作，由于公司不是很大，她常常也会做些文秘的事情。初来乍到的张文娜一脸稚气，对公司内部的争斗完全一无所知，刚来公司没多久就遇上了一件棘手的事情。

公司一项新项目由部门负责人王经理和李经理共同负责，而写策划文案的事情就落在了张文娜的身上。刚开始的时候，王经理先找了张文娜通气，王经理把关于新项目的构想创意跟张文娜沟通了下，希望她按照自己的方案来写，张文娜听了之后觉得很不错，于是就按照王经理的创意开始撰写。可是令张文娜没有想到的是，她将这个文案写好拿给李经理看，李经理知道是王经理的创意后，竟然勃然大怒起来，让她重新设计新的方案。这让张文娜觉得很委屈，明明不是自己的错误，为何还会惹到李经理发怒?

张文娜翻来覆去就是想不通，后来资深人士悄悄地为她点拨了一下，她瞬间豁然开朗。原来公司的王经理与李经理两人共事多年，私下却很不合，经常明争暗斗，甚至使用公车谁的好一点谁的差一点都要较劲一番。所以这次事件张文娜挨李经理的批评，也是情理之中的事情，听完这些张文娜瞬间豁然开朗。

工作的时候，老板说话常常留半句，下属总是摸不着头脑，不知道老板究竟要说什么。这种情况下，就需要领悟老板的“余音”，否则就容易造成误会和尴尬，甚至还会闹出笑话。

如何知道老板的话后“余音”呢?你可以看看以下建议:

1. 多听、少说，尽可能收集老板透露的信息

想要了解老板的话后余音，就必须充分了解他的想法。通常情况下，老板不喜欢整天说话的员工，担心这类人会泄露公司秘密。因此，为了得到对方的欣赏和信任，必须做到多听、少说话，尤其是新员工，在没有清楚了解团队环境的情况下，做到尽可能少说话。

2. 不轻易下定论

如果你参与了某项工作，切记别轻易下定论。此时的你，并不知道老板的余音是什么，过早下定论，有可能会触犯他的禁忌。

在老板看来，没有充分了解情况就下定论的员工，性格很不稳重，所以很难将信息透露给这类人。

想要知晓老板的话后余音，必须多观察周围的环境，避免因为只言片语而下定论的情况，以免引起老板不满。

3. 话不要说满

如果需要你表达想法，不要将话说满，而要留有一定空间。例如，部门正在开会，讨论如何选择方案，老板想听听员工的看法，不妨根据老板看之前同事发言的反应，判断他对不同方案的欣赏程度，再就此表达自己的想法。

很多时候，老板的真实想法被藏在心里，不会主动对员工说，但员工可以从他的言行、表情中看出来。即便轮到你发言，也不要将话说得太满，因为此时的你，还没有准确了解老板的想法，这么做非常危险。

读心寄语

- 既不能把上司的话当一回事，也不能不当回事。
- 难得糊涂是一种避免尴尬的重要手段。
- 不但要听，更要思考、分析，当你了解了老板的余音，工作才能顺利展开。

少说多听才能理解真实意图

很多员工常为无法理解老板的真实意图而郁闷，虽然知道对方话中的真实含义远不止说出来的这些，可就是找不到确凿的“证据”。有时候，老板只把话说到一半就不说了，这可急坏了员工，于是想要直接询问，这样做的结果，只会令员工自己陷入被动。

对于想要了解老板真实想法的员工来说，不妨多听对方说，切忌打断正在说话的老板，也不要在他面前“高谈阔论”，“高谈阔论”会令你失去了解老板真实目的的机会。老板说的话越多，其中含有的信息就越多，有利于从中提炼有效信息，从而知晓老板的意图。当然，员工少说话，其中透露的信息也相对较少，正因为最终结论都是从信息积累开始的，所以说，“少说多听”的员工才更能识破老板的真实意图。

很多员工不解：“如果老板希望我做什么，或是有哪些打算，直接告诉我们就是了，为什么要绕一大圈子？为什么不将真实情况直接说出来呢？”

其实，当某个想法存在于老板心中的时候，他也会“拿不定主意”，或是在这个想法没有最终确定的时候，老板通常不会直截了当地说：“我打算……”而是要经过多方调查，然后深思熟虑后，再将最终决定拿出来。有时候，老板因为担心员工“走漏消息”而引起团队议论，所以没有第一时间说出自己的真实想法。了解了这些，你就应当在老板面前表现出言行举止较为严谨的态度，才会令其愿意同你说自己的真实想法。

张斌是G公司销售部经理，工作一向谨言慎行的他，深得老板欣赏。

A公司是G公司的经销商之一，几乎每个月都要从G公司进货，虽然业务上有些磕磕碰碰，但是总体合作良好。

进入6月份以来，张斌明显觉得老板对待A公司的态度有些变化，似乎不像对待合作伙伴应有的态度。这给张斌的工作带来不少“麻烦”。一方面，要和A公司沟通；另一方面，又得按照老板的意思做事，这可让张斌觉得很头疼。但是他了解老板的性格，如果直接问，对方是不会说出真实原因的。

于是，张斌一边同A公司“周旋”，一边细心观察老板对A公司态度上的变化，虽然常常出入老板办公室，但是张斌习惯于听对方说，很少发表自己的看法。有时候，当老板向自己问话时，才会说一些自己的见解。

某天，老板将张斌叫到办公室，说：“你先把手上的其他工作放一下，带上小李，去A公司对账，把今年的销售往来账目重新核对一下。”

张斌问道：“是用最全面的对账方式吗？”

老板：“是的，一定要核对清楚。”

张斌虽然对这件事情很“纳闷”，但是没有多问，觉得老板可能不打算与A公司继续合作，于是将对账工作做得足够详细。

因为要对账，所以必须放下与A公司的其他项目，张斌的不少下属已经察觉出“情况不对”，有时候在一旁打听：“张总，我们是不是要终止与A公司的合作？这家公司的销量可不少，如果停止合作，我们的销售提成会不会下降？”

张斌总是让员工安心工作，不要乱打听，老板肯定有自己的安排。就这样，张斌带着小李，八天之后，完成了所有与A公司的对账工作。

当张斌将对账结果交给老板，并对其中某些事项做了解释后，老板说道:“A公司已经同我们合作3年多了，销量还算可以，但是与其他公司相比，它的进步速度明显较慢。我们公司每年要在A公司身上花很多精力，还常常垫资，使得公司的现金流速度减慢，不利于我们的发展。”此时，张斌没有直接说出“终止合作”的话，而是进行询问:“那您刚刚看过了A公司的账目销售明细，心中一定已经形成想法了吧？”

老板想了一会儿，说:“如今又到了年中，今年的行业大环境这么好，A公司却没有丝毫发展，也就是说，我们公司有百分之五的努力都没有实现预计的效果。我已经开始同另一家公司洽谈，有放弃A公司的打算，不过这件事情还没有最终决定，所以不要同下属说。”

张斌的心里松了一口气，自己的估计是对的，及时知晓了这个消息，对下一步工作也有帮助。如果一开始就主动问老板，他肯定不会说出真实意图。多做事，少说话，才能达到目的。

实际上，张斌非常想知道老板的真实意图，这直接影响了他的工作，但他并没有直接询问老板，更没有在与之交流的过程中，过多发表自己的看法，给老板留下了谨言慎行的好印象。加之张斌一直胜任工作，老板正是因为看到了他的能力，才愿意将真实想法说出来。

有时候，老板并不是不愿意说，而是他们自己也拿不定主意，关于是否要放弃与A公司的合作，老板也需要结合对方的实际情况，才能得出最终结论。这个过程中，老板并不希望被打扰，这是他没有直接告诉张斌真实意图的原因之一。

此外，老板永远觉得自己是“高高在上”的，所以不容许下属干涉他的决定。通俗地说，老板觉得没必要事事告诉员工，所以不会直接告诉你答案。

当然，老板没有告诉员工自己的真实意图，肯定还存在其他原因。但如果员工知道了真实情况，可以更高效地处理日常工作，最好的办法就是“少说多听”，从而获得想要的答案。

1. 避免说出太多个人想法，多收集老板话语中的信息

工作中，常遇到同老板交流的情况，不要觉得所有的沟通都必须在一问一答下进行，如果交流对象是老板，就要注意多听对方说，才有机会了解对方的真实意图。

有些时候，老板只是做出了某种行为，可能还没有最终决定，想通过观察员工行为，知晓他们对这件事情的态度，从而修改原先的想法。

想了解老板的真实意图，就要避免说过多的话。从老板的角度说，他们更希望被员工倾听，员工往往不知道“老板的葫芦里卖的什么药”，不妨通过收集老板话中的有用信息，并结合工作实际，发现老板的真实意图。

2. 含蓄回答老板的提问

员工想要了解老板意图的时候，老板也想知道员工的想法。如何回答老板的提问成为关键，例如，近段时间，公司推行新的薪酬制度，老板询问你对这个制度的看法，你应当想到，老板既然已经推行了某项制度，说明他“志在必行”，并不会因为某个员工的想法而改变。这时候，不妨简单地说明制度推行的现状，不过于强调优势和劣势。因为中肯的回答，更容易令老板说出真实意图。

所以说，当遇到老板提问的情况，不要急于说出心中想法，可以先简单介绍一下情况，如果你能够站在比较客观的角度，老板就会觉得你看待

问题很全面,却又没有得到最想要的答案。从心理学角度说,这是一种“温柔的激将法”,正因为老板非常想知道答案,所以不得不说出真实意图。

3. 弄清楚老板不想告诉下属的原因

很多时候,老板并不会在第一时间将真实想法告诉员工,你越着急,老板可能觉得越有意思。虽然不是有意为之,却反映出老板内心同样存在很多不确定因素。如果你可以弄清楚老板不想告诉下属的原因,便更容易找到突破口。

有些人说:“老板不告诉员工真实意图的原因太多了,我如何知道他是出于什么原因?”

这就需要员工多留心老板的言行,虽然对方很想掩饰真实想法,但你总会从“蛛丝马迹”中找到你需要的答案。案例中,老板事先并没有告诉张斌,他想终止与A公司合作,但是他要求张斌去完成的工作中,能看出老板在这方面的用心。当然,张斌工作进行的过程中,老板也会跟进,更加容易发现老板的真实想法。

读心寄语

- 不要过于在老板面前表现自己,说得越多,他可能越反感。
- 不论出于什么原因,都不要去“窥探”老板的内心。
- 可以从老板的言行中“猜测”他的真实意图,但是不要自作聪明地“肯定”。
- 少说不等于不说话,多听是听有用的信息。

老板只是在跟你客套

员工同老板交流时，常常觉得欣喜又纳闷，欣喜是因为对方说了很多悦耳的话，纳闷是因为老板似乎并没有真正“履行”它们。某次，一个小伙子向我诉苦：“老板明明说我工作很认真，还说要嘉奖努力上进的员工，话都说了两个月了，奖金一分钱没加。”我对他说：“老板说出这句话的时候，肯定是无意间发现你工作非常用心，于是将那句话脱口而出。这只能反映对方一瞬间的心理变化，甚至可以归结为老板口头表扬你的方式，属于客套话，并不表示他一定会为你加薪。”

老板也会说客套话吗？答案是肯定的，并且老板的客套话会出现在各种场合。所以说，不必对他们说的每一句话都“上心”，当你清楚地知道，这句话与“改天一起吃饭”代表同一个意思的时候,内心就不会过于纠结了。

田瑞达在某企业任职，刚刚走出校门的她，还没有完全适应工作环境。有一次，老板让她帮自己去办点私事。两小时后，田瑞达回来了，将东西交给老板，老板很高兴，对她说：“非常感谢，我自己去办的时候，还弄了两次，没想到你一次性弄好了。”

田瑞达听后，非常开心，说：“没什么，正好我一个朋友在那边上班，所以办起来会比较快。”

老板说：“你也算帮了我一个忙，什么时候有时间，请你吃饭。”

田瑞达忙推托，并快速退离房间。

第二天，田瑞达就被老板批评了，原因是她没有按时交报表，这让她非常郁闷：明明老板昨天还对自己很客气，今天怎么会因为这点小错误，而大声批评自己呢?

这是因为田瑞达没有听出老板说的是客套话。日常工作中，老板常会用客套话来安抚员工的情绪，时间久了，便成为习惯。所以说，不要过于在意老板的“客套话”，而应当关注他真正想表达的想法：

1. 不要对老板的客套话喜形于色

当听到老板说客套话，不要过于高兴，而是弄清楚他为什么要这么说。一般来说，老板对员工说客套话，是出于尊重，例如，你帮老板倒了一杯水，对方说“谢谢”，这是一种礼貌。

另一种情况，便是老板觉得“客套话”是降低成本的有效方式。员工可能做了很多额外的工作，如果老板多说些客套话，员工心里便舒服多了。当下属有比较轻松的心理环境，就会有利于团队建设和发展。

了解了老板为什么要说客套话，就能够“对症下药”，将老板想看到的一面表现出来，从而赢得老板的欣赏。

2. 即便老板在客套，你也要真诚回应

如何回应老板的客套话，成为很多员工关心的问题，是否也同样用客套话回复呢?其实，这也是老板考验你的时候。

即便老板说了客套话，你也要认认真真回答，而不能选择敷衍了事，更不要想着与老板形成“对唱”。

例如，老板的电脑坏了，想让你帮他看看，于是说：“想请你帮忙看看，我不知道到底出了什么问题?”

听到老板这么客气，你不妨说：“您太客气了，我也只是略懂，不过可以先看看。"

这样一来，老板便会认为你是个很有礼貌的员工，更重要的是，你已经将这种客套转变为"真情实意"的对白，有助于缓和上下级关系。

读心寄语

- **客套之言并不都是坏事，至少老板已经肯定了你的优势。**
- **客套也是一门语言艺术，但员工要读懂其中的含义。**

其实这是老板的推托之词

不论是在企业中还是在其他什么地方，我们都见惯了人与人之间的钩心斗角，觉得人真的是一种虚伪的动物，嘴里面说着一套话，其实却还带着另外一种意思。有的东西明明想要，嘴上却说不要；有的东西他想拒绝，还满嘴夸赞和满脸喜悦。

我们都觉得，这种现象往往只是出现在地位、财富等相近的人之间，因为他们无论是社会地位还是文化背景，都存在着一种类似竞争的关系。尤其是在竞争激烈的公司里，暗流汹涌，每个人都挂着一个虚伪的面具和其他人打交道。我们要做的，不是给自己也带上这样一个面具，而是要试着揭开别人的面具，看看他们话中的真意。

袁伟受命去 × 市出差，可是由于接到命令太过突然，没有买到火车票。如果要准时到达，那就只能买飞机票了。可是公司偏偏又有规定：出差期间报销的旅费只包括往返的火车票，报销机票需要向老板申请。

于是，袁伟敲开了老板办公室的门。在向老板汇报工作后，他说明了这一情况：火车票买不到，希望老板报销机票。

结果，老板头也没抬，只是指着背后的业绩表，问：“小袁啊，你觉得我们这个季度的业绩怎么样啊？”

袁伟：“不是很好，因为最近产品滞销，我们的很多渠道都被堵死了。”

老板又说道："从我们这儿到沈阳，坐火车多少钱，坐飞机多少钱？"

袁伟："火车票的话，单程要500多元，而且要十几个小时才能到。机票大概1200元，两个小时不到就能到。"

老板眉头皱了起来，委婉地拒绝了袁伟的请求，解释说："我们这个月还有不少出差的工作，不可能每一次都做到准时。这样吧，时间不是问题，买不到本周的车票你就订下个礼拜的。"袁伟并没有听出老板的推托之词，更不知自己被老板婉拒，一边生着闷气，一边无奈地夺门而去。

老板的用意再明显不过了：公司业绩不佳，不可能有过多的预算给你报销往返机票，哪怕是稍微推迟一点行程，也不能乘坐飞机。再加上公司本月还有其他人的出差任务，如果每个人都像袁伟一样来报销机票，那成本要有多大？所以，他是拒绝了袁伟的申请的，虽然没有明说。

可袁伟偏偏是个愣头青，没有听出来老板的婉拒，结果必然是惹得老板不高兴了。老板之所以先谈业绩，再说时间，接着又说出差多，看上去这几点虽然都没有什么联系，但是转来转去就是不同意袁伟的请求，员工如果在这时候还不知进退的话，肯定是不行的。

在员工看来，老板是最没有必要与自己钩心斗角、话中藏话的，因为他们是头头，掌握着自己的"生杀大权"，根本不需要这样。事实上完全不是这样。反而，老板是最喜欢拐弯抹角的，因为他们既要达成自己的目的，同时又要顾全自己的形象和威严，所以有时候他们在推托的时候，所说的话要更加委婉一些。

1. 老板比谁都要面子

正如案例中所说，老板拒绝了袁伟的申请，无非就是因为企业的效益不好，没有多余的预算用于报销了，说白了就是舍不得钱。但是这一点老板会直接说出口吗?老板在公司中，都是“至高无上”的，他在员工心中的形象肯定是威严的、大气的，如果被冠上了“抠门”的帽子，那就大大有损他的面子了。

所以，老板出言婉拒，最主要的就是要能维护自己的面子工程。

2. 最好在第一句话中就能听出老板的用意

老板说的话，对于员工来说不仅每一个字都要听，而且要听进去，要理解。既然老板那么爱面子，作为员工就更要善解人意一些。这样一来，既不会使老板难堪，自己也能在老板心中留下一个好印象。

而说得多了，不仅闹得老板不愉快，自己也是碰了一鼻子灰。

3. 换位思考，不能总以自己的视角看问题

作为员工，我们总是考虑自己的福利、待遇等问题，生怕自己吃亏。其实老板又何尝不是如此?老板心里考虑的，是公司的利益和自己能不能赚钱，员工对于他来说，只是赖以达成上述两个目标的工具，而“工具”能否得心应手，最关键的是看与自己的契合度。

也就是说，员工如果能够经常站在老板的位置上思考问题，替老板解忧而非增加困扰，这样一来，想不赢得老板的欢心都难。

读心寄语

- 接受与拒绝的位置随时都能发生转换。
- 老板可以口是心非，我们要懂得他的真实想法。
- 知进退，明事理。

Chapter5.

老板并不完美

——摆正心态善待你的“问题老板”

老板也是人，不会绝对完美

俗话说“金无足赤，人无完人”，任何人都存在优势和劣势，你的老板也一样，尽管他们处于团队核心位置，但终究是普通人。老板也会有弱点，也会犯错误，当他们出现工作失误，或是内心充满恐惧、迷茫的时候，你能够挺身而出，老板会很感激你。当然，你也会有意想不到的收获。

老板亦有缺点，只是他们不会轻易表现出来，甚至会伪装自己。作为团队领导人，他们必须表现得足够强大，才能给下属安全感，至少这是老板的想法。但弱点、劣势总会在不经意间表现出来，如果下属能够帮老板及时掩盖弱点，他们多半会抱以感谢，这是增进双方关系的重要起点。

马贵龙是刚刚走出校门的本科毕业生，与A公司签约，然后开始上班。初来乍到的他，并不了解企业情况，加之有些心高气傲，一时间很难被老板欣赏。

A公司的规模很大，管理层多为精英人士，他们都希望员工拿出百分之二百的努力去工作。此时，怀揣着梦想的马贵龙有些闷闷不乐，他总是坚持自己的观点，还常常和上司闹矛盾，结果可想而知，吃亏的总是他。

过了一段时间，年轻气盛的马贵龙发现自己被渐渐地磨平了棱角，开始懂得理解老板，圆融地处事了。

有一天，马贵龙跟着老板出去应酬，客户是个酒量非常了得的人，还没吃饭前，就和在座的说，大家必须要喝酒，谁都别想“逃”。

恰好马贵龙的老板是个滴酒不沾的人，几乎一口酒都喝不下去，就悄悄地将这情况告诉马贵龙，并且借故去了洗手间。

马贵龙刚想在心里埋怨老板，他突然想起前天去老板办公室送文件时，无意中看到了桌子上放的醒酒茶和胃药，他放下了从前一贯的坚持，开始同情起老板来，心想：老板也是个普通人，也许他并非故意临阵脱逃，只是身体实在吃不消罢了。

想到这里，马贵龙对客户说：“领导这两天都有应酬，几乎每天都要喝一两顿酒，今天中午还喝了不少白酒呢，晚上估计是没办法喝了，不知我能否代表他，同您喝呢？”

听到这些话，客户自然不好勉强，只是喝了两杯意思一下，既没有勉强马贵龙，也没有勉强他的老板。

从此之后，老板对马贵龙的看法也有了很大转变，还常常带他外出应酬，对马贵龙的评价也非常高。

这种事情常在老板与员工之间发生，如果双方可以沟通好，并且下属及时帮老板掩盖了他的弱点，就可以缓和双方关系。

相反，如果你将老板的弱点、劣势无限制放大，对方肯定会很不开心，你就成了他的“眼中钉”。今后在工作中，还怎么会对你有好脸色呢？

时刻记得老板也是普通人，既然无法做到真正意义上的完美，下属就要帮助其“伪造”完美的形象，这个过程中，你需要注意这些细节：

1. 适时掩盖老板的弱点

既然老板不可能完美，那么他的弱点就会在不经意间表现出来，作为员工，应当适时掩盖老板的弱点，令其看上去更加优秀。虽然对方不会在公开场合说，但心里会非常感激你。

不少员工在发现老板的弱点后，不仅没有予以帮助，反而“嘲笑”他：“原来他也会害怕。”

老板不会因为员工的“嘲笑”而胆怯,反而因此会激发他心中的怒火，最终形成两败俱伤的境地。员工不妨用恰当的方式，掩盖老板的弱点，并用淡然的态度处理，结果就会大不一样。

例如，老板要召开会议，但是他不擅长写报告，不妨帮他拟好，再交给他修改。当然，最终报告上不要写你的名字，而让人觉得，这全部是由老板自己完成的，虽然同事没有报以敬佩的目光，但是在老板心中，你已经是个既有能力，又明事理的员工了。

处理老板在不经意间表现出来的弱点，一定要非常低调，若是大张旗鼓地处理，反而令老板生厌，因为他本身并不想让别人知道自己的弱点。

员工在这方面做得好，老板多半会记在心中。值得一提的是，下属不能借此“制衡”老板，否则只会让自己陷入更加难堪的境地，之前的努力也就前功尽弃了。

2. 必要时候挺身而出

光掩盖老板的弱点还不够，如果有必要，还应当挺身而出，成为老板的挡箭牌。老板不可能完美，身上的弱点、缺点往往令他做出错误决策，或是迟迟不能做出决定，这都会影响团队工作，进而影响老板的情绪。

例如，你的老板是个优柔寡断的人，虽然已经想好了如何做，就是没有勇气做出决定。如果你察觉到这一点，不妨多说一些积极的话，帮助老板坚定想法。

当然，如果这个想法最终导致了不好的结果，你也要主动承担责任，此时，你在老板眼中，俨然是有主见、能屈能伸、敢于承担责任的员工。

3. 与老板形成“互补”性格

既然老板的性格中存在很多缺陷，员工不妨让自己在这方面变得更强，与之形成互补性格，老板就会“离不开”你了。

如果你的老板有很强的决策能力，但是执行力偏低，而你恰恰相反，就可以同老板形成非常亲密的工作关系。

说到这里，有些员工很纳闷：“如果我同老板不是互补性格，是不是说明我们就无法一起共事？”

实际上，与老板的性格是否互补，都取决于下属，如果老板的性格比较犹豫，你就要培养自己果断的性格，当老板拿不定注意的时候，你可以帮助他坚定自己的想法。遇到老板性格中的优点，下属就要收起“锋芒”，在此方面格外谦虚谨慎，将大部分功劳让给老板。

员工具备哪些能力，老板最清楚了，不要担心对方看不到你的优点，他们反而会因为你的这些做法而心存感激。

当你再次面对老板时，应当正视他的弱点，并想方设法处理好这些问题，即便老板暂时不会给你任何回报，他也会将感激之情带入工作中，用另一种方式“报答”你。

读心寄语

- 习惯并尊重不完美的老板，是让自己有更加平静心态的重要过程。
- 帮助老板掩盖缺点的同时，也应当保持低调。
- “互补”假象会演变成真的互补性格。

每个老板都有虚荣心

说到虚荣心，大家通常会从不同角度看待，因为每个人都有虚荣心。老板也不会例外，甚至他的虚荣心比其他人更强。这是由他所处的地位决定的，一方面，老板想在员工中间树立绝对的威信，所以把自己描述得很“了不起”；另一方面，老板常常受到下属的“奉承”，时间久了，便觉得自己非常厉害。

不论出于什么原因，几乎每个老板都存在虚荣心是客观事实，如何应对老板的虚荣心呢？不同员工在处理相关工作时，又发生了什么情况呢？

黄伟和李鑫是大学同学，毕业后一同去了某大型企业上班，还被分在同一个部门，在同一个领导手下做事，两个人都有很不错的表现。

两年后，黄伟和李鑫都成为该部门的业务骨干。但是两人在处理与老板的关系上，却存在非常明显的差异：黄伟觉得“直言不讳”才是对工作负责，李鑫觉得应当顾及老板的虚荣心。

每当老板的决策出现问题，黄伟总是第一个站出来，当着很多人的面，将老板的错误指出来，如果觉得老板的安排有问题，他肯定不会照做。李鑫的处理方法则截然相反，如果他觉得老板的决策不正确，回去之后，私下给老板发个信息或是电子邮件，表明自己的想法和建议，假如老板坚持自己的想法，他也会认真执行，尽可能按照老板的要求去做。就算结果不尽如人意，李鑫也会站出来同老板一起承担，几乎没有向任何人抱怨过。

一年后，老板面临将被调去其他地方，选接班人的时候，他毫不犹豫地选择了李鑫。

结局正如大家所料，老板最欣赏的人，是保护他虚荣心的人。老板都好面子，黄伟的做法，会令老板在很多人面前下不来台，等到有好处的时候，对方还会想着他吗？肯定不会了，正因为虚荣心是客观存在的东西，所以员工要正确对待，既然不能挑明，不妨帮着老板藏好。

老板不希望自己在任何方面比员工差，不论工作能力、决策能力，还是人格魅力、经济状况……都是如此。从心理学角度说，这是缺乏安全感的表现。不要觉得老板永远很强大，会一直像一座大山，老板表现出来的强大只是因为对方不愿意将脆弱的一面表现出来而已。

那么，员工应当如何做，才算是正确对待老板的虚荣心？

1. 处处给老板留面子

说到老板的虚荣心，作为员工一定会注意到：他特别要面子。确实，如果员工让老板觉得丢脸了，对方的情绪便马上发生变化，所以说，处处给老板留面子，不仅是出于尊敬，也是一种策略。

老板的虚荣心从何而来？一方面是与生俱来的，另一方面是社会地位所赋予的。作为员工，不要觉得老板的虚荣心是很讨厌的东西，试想一个没有虚荣心的老板，怎么会将一个优秀的团队展现在别人眼前呢？正因为他有虚荣心，才会督促自己和员工共同进步，身为团队成员，也是在这种精神鞭策下的一员，所以要保护好老板的虚荣心。

当然，团队成员都应当为整个环境中的“生态平衡”而努力，因为不给老板留面子而触怒了他，整体工作气氛就会发生变化。老板的情绪不好，会波及整个团队，这时候，肯定有同事站出来，平复老板的情绪，那个人便会被大家认为是“救星”。而作为当事人的老板，也会因为那个人照顾了自己的虚荣心，格外欣赏他。

现实中，谁都不愿意被触犯，更不要说你的老板。了解了这一点，你就能够避开老板忌讳的东西，做到给对方留面子。

2. 遇事不争辩

工作中，常常遇到和老板意见不统一的情况，老板认为他的想法正确，是因为他觉得自己有经验；员工认为应当采纳自己的建议，是因为他自以为有创造力。正因为大家都觉得自己的想法更好，所以僵持不下。

其实，下属没必要处处与老板争辩，因为很少有老板能够接受这种沟通方式。如果工作中遇到需要沟通的情况，不妨先听老板讲述自己的观点，这不仅是尊重，也是满足对方虚荣心的办法。

当然，面对不同类型的老板，员工的处理办法也会不一样。有些老板是“演说家”，他喜欢把自己的观点阐述出来，那么就先让他说，然后适时给出一些补充建议，是否采纳就要看他自己了；有些老板是“评论家”，他们喜欢听员工说，然后给出意见，当然，最终还是要按照他的意见来办。

总之，你要时刻注意保护老板的虚荣心，遇事不要和老板争辩，不论他属于什么类型，都应当用平和的语气同他交流。值得注意的是，在接下来的执行过程中，下属应当按照老板说的做，即便在自己看来，是不正确的。

3. 不要揭穿老板的谎言

老板也会说谎，而且有可能经常说，有些员工因此不服气：“他是老板，说话都这么不靠谱！”

现实情况就是这样，员工不仅不能揭穿老板的谎言，在有必要的时候，还得帮着他圆谎。

能够在关键时刻，充分维护老板的立场，并保护老板的虚荣心，在老板看来，这是优秀员工必须具备的反应能力。

当你发现老板也会说谎，千万不要觉得惊讶，而要尽快分析他说谎的原因，以便更加顺利地帮老板圆场。

谁都会遇到特殊情况，老板也不例外。在这些情况中，他们常会用“谎言”来解决问题，这也是一种策略，有利于大局。如果员工有相关意识，老板会觉得这名员工非常识大体，从下属的角度说，这也是锻炼自己的好机会，既尊重了老板的虚荣心，又学会了利用虚荣心，对今后处理工作关系非常有好处。

作为下属，应当充分考虑到老板的虚荣心，抓住每一个满足其虚荣心的机会，适当表现自己，才会令老板觉得你是个靠谱的下属。所谓靠谱，便是老板觉得你既尊重他，他也可以倚重你，这种和谐的关系一旦建立，你在老板心中的分量就增加了。反之，老板就很难给你好脸色看。

如果你的老板很挑剔，不妨退一步，这也是顾及老板虚荣心的方法。如果你和他据理力争，你也没有可能成为赢家。

读心寄语

- 高帽子要戴得恰到好处。
- 员工有时要吃小亏，识大体。
- 保护老板的虚荣心，不等于奉承他。

家人永远是老板的牵绊

职场中人，老板一般很少会提及家人，同级同事之间对此都知之甚少，更何况老板，除非他们愿意说，否则很难知道老板家人的情况。

老板也是人，他们亦有感情，也会像我们一样爱自己的家，家人同样是老板最永恒的牵挂。如果员工了解了这一点，就能找到老板心中最柔软的部分，从而拉近你与他的距离。

有时候，老板会在不经意间提到家人，例如，他会说："今天是我女儿生日，但是我出差了，不能陪在她身边。"你应当如何宽慰他？

不妨多陪他聊聊这个孩子，让他的情绪温暖起来，再说一些安慰的话，效果会更好。

有些员工觉得，我为老板打工，难道我还要听他说家长里短吗？实际上，这是缓和双方关系的重要途径，上班总有疲乏的时候，老板愿意跟你说他的家人，表明他觉得同你有较好的私人关系。不妨陪老板聊聊，找到工作以外，你和老板生活和性格上的共同点。

在老板看来，他与员工谈论家人，是增强自身亲和力的方法，也是一种休闲方式。作为员工，你应当有这方面的意识，如果老板愿意说，你就要好好把握机会。

还有一种老板，他们并不愿意主动和员工说自己的家人，心中却充满了爱和思念。如果有机会，你可以适当提及他的家人，先看看老板的反应，再考虑要不要说下去，如果对方真的不愿意聊到这些，你就不要再讲了。

郭丽在一家商贸企业工作，她的老板是个外地人，四十多岁，爱人在家乡工作，家里还有一个女儿。

这些事情，在郭丽刚来上班的时候就知道了，是邻桌小张告诉她的，为什么要强调老板的家庭情况呢？几天后，郭丽才明白，她的老板会经常提及家人。

有一次，郭丽从食堂回来的路上，正好遇见正要回办公室的老板，对方问道："小郭，今年刚大学毕业？"

郭丽："是的，这份工作是我在毕业前找到的，经过两个月培训后来到这里上班。"

老板："是第一次参加工作吗？"

郭丽："读大学的时候，我做过兼职，与现在的工作类似，面试官对我这段经历也很欣赏，所以同我签约了。"

老板："我女儿也在上大学，在我老家读书。我觉得年轻人是应该多锻炼，等真正走向社会之后，就不胆怯了，也积累了一定经验。"

郭丽："我是在A市读的大学，B大学，我觉得自己很幸运，找了一份专业对口的工作。"

老板："我就是A市人，我女儿也在B大学念书，不过她同你念的不是一个专业。"

郭丽笑了一下，说："原来我同您闺女还是校友呢，真挺荣幸的，我又在您这里工作，也算是一种缘分吧。"

……

一路上，郭丽听老板说了很多，几乎都是关于他的女儿的。郭丽发现，家人是最令老板欣慰的。之后的工作中，每当老板提及家人，郭丽都会耐心倾听，偶尔，郭丽也会主动说到有关家人的事情，老板每次都非常开心。

案例中的这位老板，是个典型的爱家男士，他非常在意爱人和孩子，并常挂在嘴边。作为员工，郭丽掌握了他的这个性格特征，每次老板提及家人时，便说明他此时的心情很好，郭丽也会积极聆听。必要时，郭丽也会将此作为调节气氛的切入点，与老板聊聊他关心的事情，双方的情绪都有可能变好。

对于老板来说，家人很重要，是工作之余安慰心灵的良药，你需要注意些什么呢?

1. 注意老板提及家人时的情绪

工作的时候，常遇到老板提及他的家人，但不同时间里，他的情绪不一样，有时候伴着思念；有时候为家人的事情心烦；有时候家里遇到了喜事……通过观察老板的情绪，可以大致猜到他家人的情况。虽然工作中的老板很严肃，处理问题雷厉风行，但作为普通人的他，情绪也会随着家庭情况的变化而改变。意识到这一点，你对老板情绪的把握，就会更进一步。

例如，员工与老板闲聊的时候，发现他的心情很好，原来是因为他女儿期末成绩得了全班第一，不妨顺着这个话题说下去，让老板的好心情持续久一些。

如果老板在提及家人的时候，显得有些不开心，既不要打断他，也不要接话茬，最好让老板说完，不论他是在抱怨、愤怒或是难过，员工都不要在他情绪不稳定的时候，与之交流。因为此时的他，更需要宣泄，等老板将不良情绪发泄完，员工再表达自己的看法也不迟。

在老板心中，家人是最温暖的，占有他心中最柔软的部分，家人是老板永远的牵绊，家人过得是否好，深深影响了老板的情绪。此时，员工应当理解老板，并根据他们的情绪，采取不同的安慰方式，等到他的情绪平复后，会觉得你是一位善解人意的员工。

2. 必要时，家人是老板最坚实的“支柱”

我们常说：家是心灵的港湾。而家人是港湾中不可缺少的部分。

老板也有喜怒哀乐与烦恼，老板同员工一样，这么努力地工作，不只是为了自己，更为了家人。当你觉得工作烦闷，想起家人的时候，便会觉得欣慰；当你被老板表扬，或是工作出了成绩，会想第一时间和家人分享，老板亦有这样的情绪。

正确把握老板的情绪变化，有助于你充分了解他的性格。有些老板不愿意同家人分担痛苦，只会把开心的事情告诉他们，此时，员工便要担负起与老板“共患难”的责任；有些老板会将所有事情说给家人听，他们的心理负担就会较轻。

不论什么时候，家人都是老板最坚实的支柱，员工在观察老板性格的时候，一定不能忽略这一点。此时，你肯定会觉得，老板也是有温情的人，不必将其幻想成高高在上的“神”，既然老板也是普通人，员工就不必有很大心理压力，了解了这些，你看待老板的眼光就会不一样。

读心寄语

- **提及老板的家人，也要找准时机。**
- **永远不要在老板面前说他家人的坏话。**

采取合作而非对抗的态度

在不少员工眼中，老板就是“剥削者”的代名词，似乎员工和老板永远是对立的，结果呢？员工觉得老板是榨取自己剩余价值的资本家，老板同样很委屈：自己已经给员工发薪水了，但他们的工作情绪依然很抵触……这就让雇佣关系陷入僵局，假如下属和老板无法互相理解，结果可想而知。

良好的雇佣关系应当是“合作”，而非“对抗”。既然是合作，就要努力实现双赢的效果。于老板来说，他付给员工薪水，员工要完成工作；对于员工来说，努力做好工作，甚至做出色，争取更高薪水和职位。

想要实现这种效果，就必须选择合作，老板之所以将工作交给你，是信任你的表现，如果你好好完成，老板自然更加欣赏你。

在老板看来，他们不喜欢总是反抗自己的员工，这类员工不便于管理，在没有看到成果前，老板也不会预支奖励。

作为员工，自然希望得到更多回报，于是抱怨老板的薪水给得太少；可在老板看来，下属只是做了他分内的事情，没有必要进行奖励，如何破解这种状况呢？

张君雅供职于某网站，担任编辑职务。虽然在这里上班两年了，但期间没有加过一次薪水，这让张君雅很生气，每次和老板提，对方都无动于衷，张君雅想：反正老板也没把我当回事，以后再也不会熬夜加班了。想到自己常常把工作带回家做，甚至赶到深夜，她就觉得非常委屈。

从此以后，张君雅工作变得拖拖拉拉，老板需要的东西，常常到了规定时间，还没有交上去，哪怕老板再催，张君雅都慢慢来。在她看来，自己无论如何努力工作，都不会赢得老板青睐，索性不努力。

一段时间后，张君雅觉得用这种消极方法没意思，每天不但被老板责骂，同事对她的态度也改变了。这时候，张君雅所在部门接到了一项重要工作，她也参与其中，她在学校接触过这类事情，所以还挺在行，她决定好好表现。

那段时间，张君雅工作特别努力，又回到之前的状态，她觉得既然消极对抗一点好处都没有，不如积极工作，更何况这个任务是自己很拿手的。

渐渐地，张君雅几乎成为这个任务的主力军，老板常与她单独开会，张君雅也提供了不少建设性想法，多半被老板采纳了。

任务很顺利地完成了，张君雅也得到老板的表扬，经过这次任务，她变得比之前更加积极。在张君雅看来，老板愿意单独同自己商量问题，便是对下属的鼓励，因为这种机会不是人人都有的，既然自己很享受这样的过程，为什么不坚持下去呢？

三个月后，张君雅所在部门的主管辞职，老板提拔张君雅担任主管，这无疑是对她工作的极大肯定。从此以后，张君雅更努力地做事，同老板的配合也相当默契。

之前老板没有提拔张君雅，是因为她只完成了分内的工作，并没出彩表现，后来的任务才让她脱颖而出。张君雅似乎挺幸运的，因为某个重要任务，让她的消极想法有所改观，同时令老板看到她的能力，并予以她肯定。

当员工身上有能打动老板的才能，老板才有可能将机会给予这名员工。想要达到这样的状态，切忌用反抗的态度对待老板，而应该采用合作的方式，从老板的角度说，他也想通过“合作”，营造良好的团队氛围，这对双方都有好处。

那么，员工应当如何做，才能在解读老板性格的基础上用合作的方式缓和双方关系？

1. 老板愿意同下属“合作”吗

很多人愿意用合作的态度面对老板，却不知对方是否愿意接受。不同老板的性格不一样，为了避免弄巧成拙，就要先解读他的性格特征。

一般来说，老板都希望与员工保持良好关系，所以更希望雇佣关系是双赢的状态。如果老板遇事愿意和下属商量,也能够听得进去下属的建议，这类老板是愿意“合作”的;有些老板刚愎自用,从不听别人的建议、劝告，这类老板很难与下属形成“合作”，因为在他看来，自己拥有绝对领导权，员工只有服从的份儿。

2. 不同类型老板喜欢不一样的“合作方式”

说到“合作方式”，不同老板体现出来的需求不一样，例如，想法比较简单的老板，会在遇到事情的时候，叫上大家一同处理；想法复杂、平时比较细心的老板，更希望事先同员工交流好，完成工作的同时自己也积累经验。

老板不会因为员工而改变自己，想要建立更好的工作关系，只能是员工改变，而老板的工作，就是寻找适合自己的员工。

例如，A 员工的脾气很暴躁，与老板合不来，尽管他工作很用心，老板也不会欣赏他。B 员工的能力没有 A 员工强，但是他愿意改变自己的性格，能够与老板处得来，老板最终会选择与 B 员工“合作”。

所以说，在“合作”开始前，你应当摸清老板的性格，适当改变自己，让对方觉得你们是有默契的。所谓“合作方式”，就是指老板同员工性格上能合得来，既然老板不会改变，只有员工改变自己，当然，老板会欣赏适应性强的员工。

3.“便宜”给老板，“吃亏”给自己

既然选择与老板“合作”，你肯定要将“便宜”给老板，哪怕自己吃点亏。或许你会觉得纳闷：不是说“合作”吗？怎么却是不平等的呢？

这是由双方的实际情况决定的，说得更形象些，谁手上握有的资源更多，谁就是“合作”的主导者。

老板会认为：自己给员工提供了展现自己的平台，这是前提，没有这个平台，他们再有本事都没用。正因为老板是主导者，他才可以选择“合作对象”，通常来说，老板会将机会留给能力较强的员工，是因为相信这些人能够更好地被利用，最终为团队发展做贡献。即便与能干的下属合作，也不会与他们平分成果，老板永远拿到多数。

了解了这个现实，你就应当为团队创造更多成果，并表现出甘于吃亏的姿态，让老板觉得自己占有绝对主动权。只要令其看到你的潜力，老板会因为还想与你合作，从而在给下属分配“成果”的时候给你更多“成果”。

读心寄语

- 当雇佣双方变成合作关系，工作气氛就会好很多。
- 员工先拿出合作的诚意，老板才会愿意合作。
- 合作的前提是充分了解老板。

黑锅也要背，替罪羊也要做

工作的时候，员工常遇到给老板背黑锅的情况，心情自然很郁闷，换了谁都会想：错误是你犯的，而要我来承担结果，我岂不是很冤枉。

老板也是人，犯错也在情理之中，但处于团队领导地位的他们，往往代表了集体形象。员工出现失误，在别人看来是可以原谅的，一旦老板出现错误，周围就会有很多双眼睛盯过来，所以便形成了这样一个现象：由下属来替老板背黑锅。

想要领导好一个团队，老板必须具备绝对威信，建立威信可能要凭借一点一滴的努力，而毁掉威信，却是一瞬间。加上老板都有较强虚荣心，所以老板都想要以最完美的形象出现在员工面前。

作为团队的领导者，老板的错误一旦公布于众，下属便会产生惶恐的情绪，不利于团队建设。了解了这些，你是否觉得为老板背黑锅，也是情理之中的呢？

工作中，很多员工就是因为不愿意当老板的替罪羊，而受到责备和冷落，先来看这样一个案例：

苏亚男在某家电生产企业上班，担任保卫科某小组组长，科长一直很欣赏他，他做事认真，尽心尽力，在同事中的口碑很好。

某天早上，刚来上班的苏亚男就被科长叫去了，正当他找不到头绪的时候，就遭遇几声呵斥：“你这个组长是怎么当的？昨晚安排值班员了吗？他们都到哪里去了？都在干什么？你知道吗？”

苏亚男更加莫名其妙了，科长都没和他说，到底发生了什么事情，就在这里责骂他，更何况昨天自己休假，是科长亲自带班的啊！这时候，苏亚男注意到，老板正站在一旁，虽然没有责骂他，但他的脸色铁青。

后来，苏亚男才知道，前一晚公司被盗了，小偷偷取了存放于财务室的货款，老板先是找保卫科长了解情况，再来找事件发生的根源。

苏亚男明白，这是科长拿自己当了替罪羊，公司被盗不是小事，还好小偷已经被抓住，款项都归还回来了。但是，苏亚男还是受到了惩罚：被扣掉当月奖金。

对于这个结果，苏亚男并没有反驳，更没有将事情的真实情况说出来。科长知道他受了委屈，已经在私下跟他解释过了，苏亚男表示理解，因为科长正在准备晋升，所以要处处小心。

半年后，科长出任公司副总，并将苏亚男提拔为保卫科副科长。

可见，对于愿意给自己背黑锅的人，老板多半会报以感激，如果当时苏亚男对老板说明真实情况，就会影响科长的升迁，恐怕在今后的工作中，科长都不会给苏亚男好脸色看。

正因为苏亚男选择给老板背黑锅，所以对方觉得他懂得为老板留面子，这样的员工就应当留在身边，苏亚男这才有被提拔的机会。

其实，员工为老板背黑锅，是维持团队“生态平衡”的重要手段，这个过程中，你需要注意以下细节：

1. 什么黑锅，你要主动背

虽然背黑锅是挺令人郁闷的事情，但是黑锅背得好坏，直接影响你在老板心中的形象。当老板遭遇犯错误，可能没有机会向别人求援时，如果你能及时发现，并且及时上前“救援”，老板会非常感激你。

从老板的角度说，他希望员工可以及时为自己解围，如果你的观察足够仔细，在老板面临窘境时马上挺身而出，老板肯定会感激你。当然，“挺身而出”不一定是将责任全部揽在自己身上，反而会令老板觉得不舒服，不妨将“主要责任”背在自己身上，这样既保全了老板的面子，又让他看到你处理问题的能力。

2. 背完黑锅后，如何处理与老板的关系

不要觉得你为老板背黑锅，他就会将你看成“重要的人”，你要告诉自己做了一件义务之内的工作。

身为员工，当然希望老板能念及自己的“好”，但是又害怕对方不记得，这可怎么好呢？

即便你的心里很着急，也不要在老板面前喋喋不休，这会让老板很厌烦你。不妨保持低调，就像没发生那件事情一样，老板会认为你是个不计较得失的员工，反而会更加欣赏你。

读心寄语

- **与老板相处，要学会“韬光养晦”的处事谋略。**
- **将自己的委屈和难过隐藏起来，不但要接受老板的各种工作指派，还得承受对方的误解、质疑等。**
- **永远不要和老板对着干。**

不要轻易质疑老板的决策

有时候，你会对于老板的一些决定产生怀疑，因为这些处事方法并不完全符合你的处事风格，超出或低于你的能力范围，又或者与你的为人处世的准则相悖。在这种时候，有些人就会质疑了。当然，有些人的质疑是放在心里，而有些冲动的人，则是直接向老板发难。

赵群和李楠是一家公司的业务员，两人的业绩都很不错，深得老板的信任。平日里，他们对于老板的决定也都是唯命是从，老板的命令基本上都能在第一时间保质保量地完成。所以不出两年，赵群成了销售部经理，而李楠当上了副经理。

可是突然有一天，这种平静被打破了。

老板喊来二人，说："这几个月的业绩每况愈下，所以我们经过开会决定，将对企业的客户定位作出调整。这样，你们其他的工作照旧，但是有很多以前的客户都不需要了，你们销售部尽力去开发新的客户群吧。"

这个决定一说出来，两个人都惊呆了。

李楠没有多嘴，但是心里却很不甘心——那些老客户关系是以前他们两人辛辛苦苦一手建立的，结果老板一句话，就要他们抛掉之前的成果，这怎么可能接受？

作为经理，赵群第一个跳出来反对："老板，您不能这样，原来还算稳定的客户群，说没就没了怎么行？而且这样风险太大了，业绩甚至可能还不如以前！”

老板听了，脸色当时就沉了下去，冷冷地说道：“到底你是老板还是我是老板？你这销售部经理暂时也别干了，小李，你当经理，全权负责整改的事，小赵你就给他当助手吧！”

从这个例子中，我们不难看出这样一个铁一般的事实：跟老板作对是没有好下场的！现在虽然不是封建社会，但是在公司里等级森严这一点从来就没有改变过，老板就是你的皇帝。所以即便他的命令是错的，你也要始终抱着一颗“君要臣死，臣不得不死”的心，才能让你继续在这个公司里待下去，除非你不想干了。

由此很容易得出以下几个结论：

1. 必要时刻，把你的意见烂在肚子里

就算对老板有再大的意见，提出时也要注意场合和控制情绪，尤其在公开会议上，不要把你的情绪写在脸上，而是要在恰当的时间，用委婉的语气心平气和地向老板提出意见。否则，若让老板看到了你的不满，即便他没有当场训斥你、处罚你，也会在心里把你列入黑名单，因为“不服从命令的士兵不是好士兵”。

“枪打出头鸟”这句话实在是精辟。一般老板在传达一些全新的、甚至是有些出格的理念的时候，他最主要的目的还是考量员工对他的忠心度，如果是忠心不二的员工，会立马照办，不论对错；反之，忠心度不高的员工就会产生质疑了。

2. 用心去认同老板

并不是说把自己的问题憋在心里，就能解决所有的事情。有些人尽管不说，但是对于老板的命令还是满腹疑窦，这样一来，所产生的后果甚至可能比当面质疑更严重。

例如案例中的李楠，如果他当了部门经理，去革新销售部，面对自己辛辛苦苦建立的客户群，他能舍得放弃吗？而且他在心里的质疑并不比赵群少多少。因此，在工作的时候，必然是三心二意、消极怠工。工作做不好，最终的结果可能是两人一起被老板“发配边疆”。

3. 认同也要有自己的底线

当然，我们说的认同和认可，虽然是老板指哪里员工就要冲向哪里，但是在“冲”之前，我们不妨稍稍驻足，看一看前面到底是怎样的路。

比如说，案例中的“路”就是可以走的，老板推陈出新，目的是好的，手段也是正大光明的，并没有什么出格的举动，只不过是突然了一些。在这种时候，员工就要给予老板足够的支持。

而老板要是让我们做一些违背自己人生原则和道德底线的事情，如恶意竞争、商业诈骗等，甚至是让你做一些违法乱纪的事，那就绝对不能服从。

读心寄语

- 公司里，老板即“上帝”，你要去认同他，而不是处处和他对着干。
- 老板最喜欢听话的员工，如果你不是才华横溢，那么就请你听话。
- 试着多站在老板的立场看问题，去了解他的意图。
- 守住自己心里最后一道底线。

Chapter 6.

看老板“眼色”行事

——投其所好给老板真正想要的结果

老板的是非不是你想谈就谈

职场中，喜欢谈论老板是非的员工，难以得到重用，因为这种现象的发生，甚至会令整个企业陷入混乱。如果是长期工作在老板身边的人，这样做更会造成严重后果，所以要严守老板的秘密。

谈论老板是非的过程中，就容易将不该说的说出来，有些员工在接触了很多有关老板的秘密后，就会变得不淡定，这种人往往是麻烦的制造者。员工应当守口如瓶，不在老板背后“嚼舌根”。

然而现状往往是：老板希望传播的信息没有传播出去，而不希望传播的信息，却在广为流传。

莉莉是一家销售公司的员工，工作之余，她喜欢和同事们聊“八卦”。这天，她听隔壁部门的杰森说，老板准备把某地的驻外市场部撤销掉。这可是个大事，消息一传开，整个公司都沸腾了。

三天后的下午，老板召开了全体员工大会，就这个问题，展开了调查和批评，他说道：“在座的各位，不会不知道这个消息的严重性，完全没谱的事情，你们都是从哪里听来的？并且将这个不真实的消息在全公司传播，我必须将第一个说的人揪出来。”

至此之后，莉莉再也不敢和同事们聊“八卦”了，公司整体气氛也好起来了，没有人在老板背后谈论是非，大家都更加用心地工作。

通常情况下，人们在听到消息的时候，都会迫不及待地告诉别人，却很少有人求证消息的真假，以满足自己比别人早知道的虚荣心。正因为每个人都具备这样的心理特点，老板的是非才会传得特别快。

众所周知，越是处于高职位的人，知道的东西就越多，内容也更加机密化。一般来说，老板知道的消息，在员工看来可靠性高，如果老板将消息传递给某位员工，说明非常信任他。此时，还需要注意这些细节：

1. 影响老板之间关系的话要保密

人在产生消极情绪的时候，往往会说出一些不计后果的话，例如，刻意谈论其他老板是非的话，甚至故意在自己老板面前放话“听说 × 部门的王经理说您坏话”等，因为你的出言不慎而导致管理层的关系出现混乱。

老板之间也会存在隔阂或是利益关系，正因为他们之间的关系太微妙了，所以显得非常脆弱。如果员工通过谈论老板们的是非，而令其之间的关系产生变化，就会影响整个团队，到时候，所有员工都会被波及。

2. 保护老板的隐私

越是靠近老板的人，越容易成为他的心腹，尤其是女性职员，更容易得到老板信任。经常和老板打交道的结果是，熟知他的习惯、风格、脾气爱好、优势、劣势等，想要受到老板的欣赏，就必须处处维护他，这也是在维护团队形象。

对于老板的隐私，员工一定要加以保密，特别是对于老板的私人生活，泄露得越多，老板越不信任你。

3. 掩盖老板的过失和错误

俗话说：人非圣贤，孰能无过。不管是谁，都有可能犯错误，当你的老板出现工作失误，或是无意中说了某句话，而伤害了你，切忌耿耿于怀，应当从老板的角度出发，客观对待这些事情。

如果你把老板无意间说的话传播出去，有可能很快就会传入他的耳朵，你便“在劫难逃”了。对方本身是无心的，经过传播后，却成为板上钉钉的事情。

例如，某个人长期在基层做管理者，对机关工作程序比较陌生，不过，只有熟悉他的人才知道这一点。如果把这件事情传播开来，会是什么样的结果呢？肯定有人说这位管理者工作比较扎实，有很丰富的基层工作经验；也会有人说，这位管理者一直待在基层，对机关工作“一窍不通”。可见，不同人对某件事情的认知角度、程度不一样，就会形成不一样的观点，从而影响老板在团队中树立威信。避免类似事情发生的最好办法，就是不要将老板的隐私透露出去。

当下属在非正式场合说起老板的事情，都有可能引起别人的误会，不如避免说老板的“家长里短”，做好本职工作，以免引起误会，让自己陷入难堪的境地。

如果你想做个聪明的下属，就应当时刻保护老板的隐私，也不要主动打听他的隐私，以免引起不必要的麻烦。当你做到这一点，老板对你欣赏的程度就会增加，从而令老板更加信任你，这样一来，你可以接触到更多信息，对自己的职业发展更有好处。

读心寄语

- **不论上班还是休息时间，都不要八卦老板的事情。**
- **不主动听老板的八卦，即使听到了，也要藏在心里。**

老板失误你是哭是笑

每个老板都有失误的时候，当老板犯了错误时，你是哭是笑呢?

老板也是人，人都不可能是完美的，总会犯下这样那样的错误。作为员工，我们肯定会遇到老板失误的时候，可是，我们应该怎么处理呢?

最好的方法自然是既能弥补老板的失误，又不会落了老板的面子。与老板争执、理论当然是最差的方法，即使老板真的被你“说服”了，你的前途也等于是毁了。老板作为公司的最高领导者，他就要尽可能地让员工都认可自己,而被员工“顶撞”无疑是让所有老板都感到没面子的一件事。

员工在面对老板的失误时，可能自己因此会受到一些损失，但千万不要认为，老板会因为你的“坦诚敢言”而对你青睐有加，大部分的老板都有点“小心眼”。因此，我们要努力找到更好的应对方法，一切的前提就在于，不要落了老板的面子，即使是“打碎了牙往肚子里吞”。

林玲是一个刚毕业没多久的小会计，她在会计事务所工作的最初几个月，一直都感到很委屈。

林玲是公司的新员工，又没有工作经验，老员工们就把很多跑腿的活都交给她做。跑银行、跑税务局、跑工商局……林玲本来以为来到会计事务所可以学到很多业务知识，可一个月下来，账务处理方面没学到什么，尽顶着太阳在外面跑了。

有一次，林玲刚到公司，就被老板一顿大骂。原来，在前一天林玲认证的增值税进项发票中，有几张发票是不该认证的，而客户也因为这个错误需要多交三万多块钱的增值税。

林玲当时委屈得直想哭，自己进来一个月天天都在外面跑，40度的大热天，一个月下来钱没挣多少、知识没学到，出了错后自己一个跑腿的还要被“顶缸”。林玲就很想去找老板好好理论一番：“凭什么公司什么事都让自己出去跑？我只是拿着票去认证的，我怎么知道该不该认证？为什么不骂给我票的人？”

可林玲转念一想，会计事务所对于会计而言是一次很好的学习机会，如果自己这么去理论的话，老板肯定不会喜欢自己，自己还会得罪同事，那就只有辞职这条路可以走了。

林玲就什么都没说，继续做着自己的“跑腿”，但每次其他会计们给她的工作，她都会和他们再确认一遍。就这样过了两个月，林玲不仅成为了一名真正的会计，老板还将很多重要的客户交给她做。

因为员工的失误，老板要为此付出很大的一笔代价，他当然会很生气，一气之下，就只管找个人骂了，却没有去追究真正的责任人。这是老板的失误，但林玲并没有选择争吵，而是尽快地从委屈的情绪中摆脱出来，努力去完善自己的工作，以防止错误再次发生。

林玲选择这么做很聪明，老板只要气消了就会知道自己责怪错人了，他或许不会向林玲道歉，但必然会选择在之后的工作中给她一些弥补。这也是林玲可以在之后得到老板重视的原因。

老板有时候并不需要多么有能力的员工，而能迎合老板的员工通常可以得到更好的发展。当然，这绝不是让我们无原则地去溜须拍马，而是做好自己的工作、照顾好老板的面子，老板自然也会对你青睐有加。

1. 老板爱面子，我们就不要落了老板的面子

老板为了提高自己的管理效率，就会很注重自己在员工面前的尊严，以做到“令行禁止”。一个与员工打成一片的老板，或许可以得到大部分员工的认可和支持，但这样做的代价，就是管理效率会大打折扣，员工会不听话。

既然老板都爱面子，我们就不要落了老板的面子。即使老板犯了错，我们也应该尽量选择婉转的方式去提醒老板，理论、争执都是不可取的方法。

2. 为了老板的面子，我们不妨就受些委屈

现在很多员工都受不了委屈，当老板的失误是发生在自己身上时，他们会觉得受到了很大的打击。但如果换个角度来说，老板是给我们薪水的人，既然“寄人篱下”，低低头、受点委屈也是应该的。

老板大多不会是不可理喻的人，即使我们当时受了委屈，但只要能顾及老板的面子，事后，当老板发现自己的失误时，就会对我们有所补偿，道歉自然可以打消我们心里的委屈。即使不道歉，老板若是能从此对自己关怀有加，那也不失为一次“赚钱的买卖”。

读心寄语

- 老板也是人，也会犯错。
- 寄人篱下，不得不低头。
- 付出总会有回报。

没有哪个老板喜欢尊严被毁

老板也是人，他们也有自己的尊严。作为企业的顶梁柱，老板对个人尊严的渴求几近极端，他们不仅非常注重自己的形象，也十分在意员工对自己的态度：如果某个职员对自己毕恭毕敬，令行禁止，老板会认定对方很尊敬自己、愿意维护自己；而如果某个职员跟老板相处时总会产生些许别扭，甚至当众流露出不满或者轻视的情绪，自尊心爆棚的老板会认定这个职员对自己有意见，是故意跟自己过不去。

作为职员，我们在职场里艰苦打拼时，要面对的挑战和危机实在太多。学会如何对待老板更是所有功课中的必修环节。可如果连观察分析老板、照顾他们的自尊心这种基本功都做不到，那么你在企业中的前途也注定会黯淡无光。

吴比是公司销售部新提拔起来的精英，同时她也兼任总经理的助理工作。论业务水平，吴比在部门里出类拔萃，但要说到做人，她似乎有些不称职：吴比很喜欢和人套近乎，跟公司同事们的关系都不错。自从进了总经理室后，吴比就不断地跟总经理套近乎。对此总经理很是受用，毕竟没有哪个老板会希望助手同自己过于生分。然而时间久了，总经理对吴比大大咧咧的性格和过于随便的作风有些不满。有一次路过办公室的时候，他正好听到吴比跟同事们讲他开高层会议时念错报告的丑事，同事们因此议论纷纷，总经理对吴比非常不满。

矛盾的导火索最终在一次不经意的闲谈中被彻底引爆：有天下午总结会结束后，员工们尚未全部离去，吴比就旁若无人地问总经理："老板，周末跟您一起逛街的那个美女是谁啊？跟我说说呗！"

一周后，吴比就因为弄错客户名单，被总经理赶回了销售部门。

都说"病从口入，祸从口出"。吴比的话看似只是玩笑似的调侃，却严重触碰了老板的心理底线。在老板看来，吴比根本就是在监视自己，而且有意毁掉自己。这样充满"恶意"的行为，已经不是是否把老板放在眼里的问题了。同样的，作为职员，如果你在老板面前管不好自己的嘴巴，感觉不到对方的感受，那就只能自食其果了。

1. 不要过分纠结于老板的错误或漏洞

人谁无过？纵使老板也有犯错误的权利，可有的职员就不懂得变通，看到老板出错比听相声还高兴，巴不得立刻发挥聪明才智给对方纠正。殊不知，你的这种行为不光让老板下不来台，也为自己开了一张"死刑判决书"。其实作为下属，你完全可以采用更温和的方式：趁着单独相处的时候，委婉地告诉老板，或者悄悄递去一张小纸条。这样的话老板不但不会责怪你，相反会认为你在努力维护他的自尊。

2. 分清各自的位置，给老板留出空间

"把公司做成家庭"是所有企业文化的口号之一，但对职员而言，最好只把它当作口号。企业运转永远都是靠制度和纪律，友好融洽的私人关系或许能让你在老板心目中加分，但并不意味着他就愿意跟你做朋

友——老板就是老板。所以在工作时间里，你最好不要掺杂太多的个人关系，因为老板也许不希望别的职员知道你们很亲近，尤其是当你们互为异性的时候。

3. 懂得“快人快语”和“出口伤人”的区别

有的员工心直口快，想到什么说什么，即使说得老板表情难看也毫无惧色，甚至把这种风格当做是个性、勇气、正直之类的正能量行为。如果你恰巧是这样的员工，那么奉劝你最好从现在就开始学习收敛。快人快语和出口伤人只有一线之隔,说话做事不经考虑本身就是心理不成熟的表现。老板没心思探索你的精神世界，决定老板看法的永远都是你的外在表现。

读心寄语

- 请记住，没有真正心胸宽广的老板。
- 得不到老板待见的人注定会被同事孤立。
- 纸里包不住火，保守好那些秘密。

老板的“好意”是真的吗

老板在与下属接触之余，常常会给予下属“福利”。其中有些福利是通过正常渠道得来的，员工大可“欣然接受”，不需要刻意回绝，有些却来路不明。对于后者，就应当找出合适的理由回绝，但是不要影响与老板的关系。

由此看来，处理这类问题应当格外小心，并且结合一定技巧，以免为自己带来不必要的麻烦。

白云大酒店是一家集吃、住、购物、娱乐、休闲为一体的大型旅游酒店，该酒店的星级也很高，主要是在老板徐泰的带领下，企业才有了今天的成绩。

妙丽是这家企业的员工，二十五岁的年纪，身材高挑、面容姣好、谈吐优雅、气质非凡，加上她天资聪慧，性格也非常好，所以在公司里有很好的人缘。

老板徐泰在事业蒸蒸日上的时候，“坏心思”也逐渐膨胀。但是为了维护形象，他不得不做出一副非常讲原则的样子，在外人看来，他很有威信，也极少与女员工有比较亲密的接触。

但是，当徐泰看到美丽的妙丽后，便按捺不住了，于是将她叫到办公室。

“小丽啊，你来公司几个月了啊？上班还习惯吗？有没有遇到什么困难？”

妙丽以为徐泰只是单纯关心下属，便没有多想，于是回答道：“没什么，挺好的，谢谢您的关心，同事们对我都很好。”

“我听部门经理说，你工作非常努力，人也很有悟性，好好干，我很欣赏你，觉得你前途无量呢。千万不要辜负我的希望，我对你是非常关心的，以后遇到什么问题，你也可以来和我商量。”

说完，徐泰取出一条钻石首饰，说：“小丽，这是对你这段时间以来良好表现的奖励，也是我的一点心意。”说完就走到妙丽身边，准备帮她把首饰带上。

“来，我给你带上，看看怎么样？”

妙丽似乎猜到了徐泰的意思，出于女性的本能，她推开了徐泰的手，并说道：“徐总，谢谢您的夸奖和培养，我会继续努力工作，但是我不能要这个首饰，公司也没有这个先例。”

徐泰脸色有些尴尬，于是说：“那算我个人送给你的如何？”

“不行，要是您个人送的，我就更不能收了，我还有工作要忙，如果没有其他事情，我就告辞了。”

说完，不等徐泰讲话，妙丽就走出了房间。

是否要拒绝老板的“好意”，关键在于了解他的目的和企图，如果他有非分之想，或是指派你去做违法乱纪的事情，必须立刻做出表态，告诉对方：自己不会接受好意，更不会完成他的想法。

这个时候必须带有果断坚决的态度，你可以做到不给老板留下任何余地，从而彻底打消他的邪念。有必要时，要想让自己处于安全的环境，还需要获得同事的支持。假如老板知道在同事中有很多支持者，就不会贸然行动了。

相关情况下，身为员工的你，应当如何识破老板的心思，并且巧妙地进行自我保护呢?

1. 听他说，看他的行动，判断他是否有“非分之想”

当老板向你“示好”，一定要弄清楚其中的原因，以免落入他的“圈套”。首先要听老板的话，看看他是否想让你做什么，如果有，看这些事情能否做?

当然，还要看老板的行动。案例中的徐泰，在妙丽表示拒绝的时候，还主动帮她戴首饰，说明他的好意并不代表企业，更多的是个人目的。

在没有判断老板的“好意”是真是假前，最好不要将话说得太满，也不能对其破口大骂，不妨先来一段“太极”，从老板的言行中判断他到底想要做什么。

2. 巧妙回绝老板的“好意”

一旦发现老板的动机不纯，就要马上回绝对方，说话的语气不要太强硬，但是态度要坚决。不妨用“我要去工作了”、“您还有什么事情吩咐”等推托之词，打消老板继续说下去的念头。

对于老板来路不明的“好意”，女性下属应当特别留意，尤其是年轻漂亮的女员工，更要多几个心眼，切忌因贪小便宜和虚荣，让自己跌进“圈套”中。很多女性职员在此种情况下，显得很犹豫，这就会让老板有机可乘。因此必须当机立断，否则等到对方的本性暴露出来，吃亏的就是你自己了。

无论你在团队中担任何种工作，都应当慎重对待老板向你表示的“好意”，时刻记住这样一句话：天下没有免费的午餐，更没有天上掉馅饼的好事。当老板将各种诱惑放在你面前时，保持清醒的头脑，才是让自己处于相对安全环境的长久之计。

读心寄语

- 好事不会常常有，这句话是职场箴言。
- 害人之心不可有，防人之心不可无。
- 你的态度越坚决，老板就越不好意思往下说了。

敲开沟通之门避免误会

老板在失误之后或许会自我反省，给员工补偿。但如果老板误会了员工的话，一般不会察觉到自己的错误。

被老板误会，是我们需要极力避免的一件事。老板如果对员工产生了误解，就会产生一种“不信任”的心态。而这种“不信任”往往就会成为一种“过滤器”，无论员工多好，老板都会以一种怀疑的态度去揣测员工的行为，即使员工在工作中有再好的表现，提出再多优秀的意见和建议，也得不到老板的认可，而最终在公司内碌碌无为。

一般来说，老板之所以会对员工产生误会，大多是因为老板与员工中的“信息不对称”。当员工与老板之间缺乏有效的沟通时，老板对于员工的认识大多源于一些书面资料、他人的评价，或是考核成绩。这样，老板对员工的认识就会受到各种主观因素的影响，最终就会导致老板在缺乏客观认识的情况下，对员工产生误会。

因此，员工想要避免误会的发生，就要学会与老板沟通。

王强最近面对着一个尴尬的局面，公司 HR 在与他的约谈中告诉他，“要么自己走，要么被‘炒掉’”。

王强感到很不解，他虽然在最近的一次绩效考核中成绩不好，但平时并没有什么违法违纪的事情发生。老板怎么就突然要辞退自己了呢？王强就想找老板要个合理的解释，但 HR 直言说道：“公司要辞退你，找不到什么理由，找老板理论反而会影响辞退赔偿。”

后来，王强自己分析了下原因，他认为，老板之所以会想辞退自己，可能完全是因为对自己的误会。原来，王强曾经想要公司辞退属下的一名员工，但HR一直力保这名员工，最终在王强的坚持下，那名员工还是被辞退了，HR从此就对王强不怎么待见。而现在的老板又是“空降”过来的，对公司的具体人事并不了解，所以经常向HR打听公司员工的情况。由于HR对王强的评价不佳，老板对王强也就有了误会。一次，王强带着组员提前下班去聚会，这本来是公司给组长的每个月一次的“特权”，却被老板发布了书面警告。之后，老板直接把王强这小组里的两个员工都调走了。而这次辞退王强的理由就是“不适合带领团队”。

虽然对被辞退的原因有了认识，但走到这一步，对于王强而言，已经是无奈的选择，只有辞职了。但由于这家公司做的是新兴业务，王强辞职之后很大可能会“从头来过”,而无法将这段工作经验作为自己的“资本”。

我们可以看到，公司并没有什么充分的理由辞退王强。只是因为得罪了HR，又被新来的老板误会了，王强就进入了这样的一种发展境地。

如果王强在当初想要辞退属下的员工时，与HR好好地交流一番，将这名员工调到别的小组或是部门，而不是坚持将他辞退，或许也就不会得罪HR。

如果新老板来了之后，与老板有个良好的沟通，老板也不会因为HR的一面之词而对王强产生误会。而之后行使的“特权”本来是之前老板赋予的，王强没有询问新老板，就自作主张地带着员工去聚会，这无疑使得老板对他的误会再度加深。

当然，这些都只是如果，因为沟通的缺失，王强就这样走向了在该公司职业生涯的尽头。员工在面对老板的误会时，必须用及时、主动的沟通去化解误会，而不是期待着老板在之后对自己有个客观的认识。

1. 为了避免误会的发生，我们要更主动、积极地与老板沟通

所谓“理不讲不清，话不说不明”，老板的误会对于我们的职业生涯而言，有很大的负面影响。我们必须尽力避免误会的发生，这就需要我们在平时更主动、积极地去与老板沟通，而不是等着老板来找自己谈心。

当我们在工作中有所纰漏时，要尽快弥补纰漏，也要主动他向老板承认错误，让老板看到自己的坦诚。这样，我们才能通过充分的沟通，让老板对我们有个更正面的认识，不会因为一些主观原因而对我们产生误会。

2. 必要时，我们不妨用行动去化解老板的误会

有时候，我们也会遇到一些“说不清道不明”的情况。老板误会你和某同事发生“办公室恋情”，老板误会你有些“不适当”的野心，老板误会的真相不方便说破……碰到这些情况，我们通常无法通过沟通来有效化解老板的误会，那么，我们不妨用实际行动来证明自己。

“难得糊涂”其实是化解很多误会的方式，有些误会发生后，如果你去与老板解释什么，反而会越描越黑。这时候，我们就可以当做什么都不知道，继续安心努力地工作。随着时间的推移，有些误会也会不攻自破。

3. 当我们误会老板时，一定要主动道歉

“信息的不对称”是对双方而言的，老板可能会因为对员工的不了解而误会员工，员工自然也会因为老板提供的信息不足而误会老板。由于老板公布决策后，没有提供足够的信息支撑，我们可能会误会老板决策的正确性；由于老板人事任免的不透明，我们也可能会误会其中存在“暗箱操作”……

这些误会往往会造成我们对老板产生“敌意”，经常在老板背后说些坏话，当老板发觉后自然也会与我们疏远。这时，我们不妨与老板进行一次谈话，在对获得充足的信息提出要求时，也要主动向老板表示歉意。

读心寄语

- 信息不对称是误会产生的主要原因。
- 要避免误会，就要进行良好的沟通。
- 言行一致。

平息怒火需以柔克刚

脾气再好的老板也可能对员工发火，要平息老板的怒火，我们就要学会“以柔克刚”。

老板发火可以说是员工遇到最无奈的事了，而事实上，大多数老板都比较喜欢将怒火发泄在员工身上。每个人都有情绪不好的时候，老板同样如此。但如果在家发火，会对家人造成伤害；对客户发火，生意自然是谈不成的；对政府领导发火，这大概永远不会被老板选择。这么一筛选，对员工发火当然是老板最好的选择，老板可以在员工身上尽情地宣泄怒火，而不需要承担太大的风险。

在公司中，员工可以说完全是弱势群体，员工加班、扣薪，还要受气。但我们换一个角度来想的话，引起老板发火的通常也都是员工。老板是公司的所有者，要考虑更多的问题，也要承担更大的成本和风险；员工则只需对自己的职责和工作负责，反而有可能会极大地浪费公司的资源。当员工无法读懂老板时，自然要做好受气的准备。

相信不会有员工在老板发火时和他对着干，但如何尽快地平息老板的怒火，将负面影响降到最低呢？“以柔克刚”是最好的方法。

王涵受到老板的召见，刚来到办公室门口，就听见老板咆哮的声音从里面传出来：“你们到底是怎么办事的？这么点小事都办不好？一天到晚犯这些低级错误，我要你们有什么用？……”

王涵等了一会见老板还没骂完，就小心地敲了敲门，听到老板的“进来”，王涵才轻轻地打开门进了办公室，就看见几个同事低着头站着。王涵刚准备关上门，就听见老板说道：“上个楼要这么久？你们几个先出去！”几个同事明显松了一口气，出去的时候还给了王涵一个同情的眼神。

王涵还没回过味来，就听见“啪”的一声，王涵看到那是自己昨天交的企划案。“这就是我要你写的企划案？这写的什么东西？连客户的信息都写错了！”王涵听到这句就开始叫起冤来：“客户昨天打电话过来，说是信息改了……”王涵委屈地看着老板，老板也明显愣了一下。

可随即，预期中的道歉并没有发生，老板又开始说起来：“信息改了不知道跟我说？这企划案里面，又是错别字，又是错标点的！你是基础知识没学好？要不再把你调回去学一年？”王涵听着老板的斥责大感不平，开始狡辩起来：“我熬了几个大夜才把企划案赶出来，有点小错误而已，至于发这么大的火么……”

大吵一架之后，老板叹了口气：“行了，行了，出去吧，暂时不想看到你！”

从那以后，老板虽然表面对王涵还是和以前差不多，可王涵明显可以感觉到，老板以前还和自己开开玩笑，可现在，老板对自己却是一副“公事公办”的模样。

一般来说，王涵的做法并没有错，人被错怪了自然会为自己解释。然而，在面对老板的怒火时，王涵明显做错了。当老板在我们身上发火时，默默地听着就好，辩解是最差的处理方式，只会起到火上浇油的作用。

很多老板很清楚，自己发火是缺少依据的，但在自己特别情绪化的时候，就会受不了员工犯错，更受不了员工犯低级错误。有的员工和老板的关系很好，就问老板应该怎么应对他发火，老板说道："什么都别说，什么都别做，安心听我骂完。之后，你要是犯错了就去改掉，别再犯了；你要是无辜的，就该干什么干什么去。"

我们相对于老板，永远是处于弱势的地位，那么，就不要想着怎么去辩解，"以柔克刚"是最好的选择。

1. 老板发火时，我们安心做个"出气筒"就好

我们除了做个"出气筒"之外，做任何事对于气头上的老板而言，都只会起到"火上浇油"的作用。当老板发火时，我们最好不要去反驳，不要表现出不服气或嘲讽的样子。即使老板批评得不对，我们也不要打断老板的话，更不要对老板进行"反批评"。

其实，如果我们能安心做个"出气筒"，在被老板骂完之后还能很快地调整状态，不把情绪带到工作中去，不仅能让我们顺利地渡过这次"危机"，还能得到老板的认可，塑造出"听话"的良好形象。

2. 不要在老板发完火后，没有什么变化

老板对我们发火，总会有某个导火索，即使是再小的毛病，在被老板抓住后，我们都要事后加以改正。如果我们真的犯了什么大错，被骂完之后就要迅速地进行补救，弥补自己的错误造成的损失。

不论老板发火发得对不对，我们都要在事后做些什么，让老板感到他的话起到了作用。"有则改之，无则加勉"，如果我们能在老板发完火后，表现得更加积极，老板自然会对我们的"认错态度"感到满意。

读心寄语

- 争辩只会火上浇油。
- 做一个理智的、有智慧的“出气筒”。
- 有则改之，无则加勉。

当你被老板“打入冷宫”

遇着老板失误、与老板发生误会，或是遇到老板发火，对于员工而言都不是最“惨”的事，它们都无法与被老板“打入冷宫”相比。

很多员工因为工作能力一般，在公司像个木头人一样，既不会与同事交流，在团队合作中也发挥不了多大的作用，老板对他们也就十分冷落。遇到这种情况我们应当理解，这完全是因为我们自身能力不够。

可是，我们也会在工作中遇到这样的尴尬，明明自己的工作能力很高，人际交往、团队合作能力等综合能力也都不弱，却还是不受老板待见。

究其原因，一般而言，有的老板因为自身能力不够，对员工的能力无法产生客观的认识，而没有给予员工相应的重任；有的老板则因为惜权，而不愿意给予能力强的人更大的权力，而选择将其“雪藏”；有的则因为员工的一次失误，而对员工的能力全盘否定。

无论如何，当被“打入冷宫”时，我们总要寻找“重回正宫”的机会。

张松是一家知名钟表公司的策划总监，但最近却是有些“郁郁不得志”的样子。张松最近的几个策划文案都被老板扔在一边，没有被采用，甚至没有被拿出来讨论一下。相反，老板还请了外面一家策划公司来做新产品的策划文案，张松就这样莫名其妙地被“打入了冷宫”。

张松的个人能力其实很强，他曾经也在专业的策划公司做过近十年，之后在其他的钟表公司也有过几年的工作经验，可以说，张松在策划方面的能力已经处于中国的顶尖层次。而他之所以能做到总监的位置，在人际交往、团队合作等方面的能力自然也没得说。在他策划的几次公司聚会中，大家都玩得很high，他也总是成为大家起哄的对象。

也正是因此，张松才感到很不解，为什么老板不采纳甚至不与自己讨论新产品的推广策划，而是直接外包给其他公司去做？是自己能力不够？还是老板对自己有什么误会？否则，为什么老板要在公司设了专门的策划部门后，还花费大量的成本去求助于“外脑”呢？

张松本来准备等上一段时间，以为等到老板发现自己的重要性，发现自己的策划能力后，就会重新重用自己。可是，三十好几的张松已经“等不起”了，策划这行本来吃的也是“年轻饭”，一旦年纪大了，就没有创新力了，缺乏灵感又跟不上时代潮流，如果不趁着年轻多做几笔成功的策划文案出来，再过几年就只能做个策划顾问之类的闲职了。

于是，张松开始寻找另一个“看得上”自己的老板。凭借张松的个人能力，很快竞争对手的老板就过来挖人了，张松的老板知道后，终于再度重用张松，让张松又真正履行策划总监的职责了。

张松被冷落并不是他自己的原因，而是老板的一次决策失误。老板在事后向张松坦言，因为这次的产品推广能否成功，对于公司能否进一步提高竞争优势有着关键性的影响，老板就觉得既然“天外有天，人外有人”，那么不妨让专业的策划公司来负责这件事，从而策划出更好的推广计划。

可是，对于员工而言，被冷落就意味着老板的不信任。张松如果因为这件事而意志消沉、自暴自弃，自然会让老板感到可惜。但更重要的是，张松也会因此被老板更加疏远，而真正进入职业生涯的低谷。

当我们被老板“打入冷宫”时，就要有策略地“重回正宫”，让老板不再忽视自己。

1. 被老板冷落时，我们要迅速地调整心态

很多人都会因为老板的冷落而一蹶不振，尤其是本身综合能力就不错的员工，更会产生逆反心理，“破罐子破摔”，甚至一走了之。但对于员工而言，一份稳定的工作显然更为重要，通常来说，老员工也能在公司获得更好的发展。

因此，我们在被老板冷落时，要迅速地调整心态，以积极的态度去面对“被冷落”这一客观事实，消极面对这种情况不会有任何改善。

2. 如果自己能力不足，则要给自己充充电了

大多数情况下，老板并不会冷落工作能力强的员工，因为这样的员工可以为老板带来极高的人工成本回报。一旦被老板“打入冷宫”，我们首先要检讨自身，是不是自己在某些方面有所欠缺，才会不被老板重用。

从客观上来说，当被老板冷落时，我们有了更多的自由时间。没了频繁的加班或是繁重的工作任务，我们完全可以将这些时间用在充实自己上。毕竟，“是金子总会发光的”，只要自己能力够强，不被这个老板重用，总有老板会看中自己。

读心寄语

- 被老板“打入冷宫”，就要做好“斗后宫”的准备。
- 老板不会冷落有用的员工。
- 是金子总会发光的，酒香不怕巷子深。

Chapter 7.

像老板一样去思考

——感同身受站在老板的立场看问题

带着老板的思维看问题

带着老板的思维看问题，简单来说就是要有一颗同理心，感同身受地站在老板的立场看问题，像老板一样去思考。

所谓同理心，是指在与他人相处的过程中，能够体会他人的想法，理解他人的立场与感受,并站在他人的角度思考并处理问题的能力。可以说，同理心即站在对方立场思考的一种方式。

同理心是现代企业中非常看重的一项个人素质。每一个企业的正常运转，都是通过从一线到决策层的所有人员，用协调稳定的配合完成的。然而，仅靠自觉性和制度上的完善并不足以让企业的工作整齐划一，尤其是当大家的观点出现矛盾时，工作的顺利就成了痴人说梦，结果也往往是连锁反应式的灾难。相反，一个善于运用同理心的企业里，矛盾出现的可能性则将大大降低。

同理心说白了就是一种换位思考。能否有效、自觉地运用这种思维模式，是对一个职员水平高低的考验。因为老板只有一个，他不可能花费时间去听取所有职员的观点，但职员们却完全可以站在老板的角度去考虑问题。而且我们相信，任何身处老板位置的企业领导都会把同理心当作衡量员工是否合格的标准之一。对于那些不愿意理解老板的员工，“炒鱿鱼”似乎是老板眼中最好的选择。

黄瑞是公司业务部门的“窗口”主管，通过多年的打拼和经营，她用自己的努力培养了一支业绩卓著的营销团队，因此很受公司器重。不过，黄瑞最近的工作却不怎么舒坦：经过新一轮的人事调整，集团总部调走了原先的营销部经理，下派了一位副总裁来专门负责业务工作。这位副总裁一上任，就提出要将现有的营销团队打散，用“以老带新”的方式对业务部门进行阶梯强化。这个决定让黄瑞难以接受：新模式不仅会带走她的得力干将，也会让团队业绩受到严重影响。黄瑞因此觉得新老板的想法太过仓促，甚至是急功近利。虽然她仍然按照老板的要求打散了团队，但心里总觉得很别扭。

一段时间过后，黄瑞决定专门找副总裁讨论一下团队的事情，但谈话效果不甚理想，两个人各执己见，很快就不欢而散。黄瑞无可奈何，只能继续按照要求去工作。两个季度后，新团队的销售额回到了老模式时的水平，虽然没有获得评比冠军，但各团队的业绩都很稳定。看着在会议室里庆祝的老板和同事，黄瑞的心里很不是滋味。到了年底，她向副总裁递上辞呈，离开了工作多年的公司。

职员在企业中能否求得生存，工作能力是一个重要指标，但同理心却是不可替代的一项职业素养。习惯了传统营销思路的黄瑞，觉得新老板不理解自己，无法同对方和谐相处，最终以走人告终，其原因不是他们之间存在不可调和的矛盾，而是黄瑞没有学会变换自己的角色，站在老板的立场进行思考。如果你的老板像黄瑞的副总裁一样，宣布将在公司里执行一项新的决定，作为员工，你首先会做什么？很多不成熟的职员下意识就想要评判老板的做法是对是错，然后只顾着用自己的既定思维看问题。如此思考，又与佩戴有色眼镜何异？

面对同样的问题，那些受老板青睐的职员就是完全不同的反应：他们更注重从企业的角度出发，思考老板决策对于全局的意义。而他们得到的结果也会与那些没有从老板角度考量的员工不同，所谓的“同理心”正在于此。作为职员，尤其是想成为老板眼中的优秀员工，同理心的磨炼必不可少。

1. 摒弃个人偏见，学会正常思考

由于地位的不同，很多中低层职员并不喜欢自己的老板。殊不知，这种差异性早已决定你不可能同老板换位思考。你是在为企业工作，理应从企业的角度去思考工作，这不单单是老板一个人的事情。你觉得自己比老板高明，那么为什么你不是老板？不要认为自己很聪明、有能力，老板就一定是衬托你的酒囊饭袋。能坐进华丽的办公室，就已经证明了老板的能力。与其总是揣测老板的决策情绪，不如就像个老板那样，用他们的思维，去寻找决策背后的原因。

2. 认真钻研了解，杜绝管中窥豹

职员想带着老板的思维研究问题，就一定要先站在老板的高度。老板要考虑的工作是什么？是市场、资金链，还有客户群体给企业带来的全方位影响，每一个不经意的细节，都有可能是促成老板做出决定的关键。他们不像只需做好案头工作的职员，他们永远都是站在公司角度思考问题的。作为职员，如果你没有充分了解老板背后的那些影响因素，而简单以同情者的身份去安慰老板，那显然不是同理心，而是自我欺骗。

3. 忠实执行，但绝不“愚忠”

假如通过换位思考，证明老板的决策在大方向上并没有什么失误，那么职员就只需要按照他的决定工作就是。不过，若是认为做好做坏都是老板的责任，自己只是一只手，那你就大错特错了。计划赶不上变化，老板此时的决定不代表未来一直是正确的。在执行过程中，如果你发现了决策中的瑕疵或上升空间，完全可以就这些工作内容同老板交流。老板们永远欢迎埋头于工作本身的职员，更信任那些能为自己护航的人。当然，在交流方式上，对老板还是需要“尊重”的。

读心寄语

- 为老板思考就是为企业思考。
- 将心比心，才能获得理解。
- 在成为老板前，不要认为自己可以超越老板。

感同身受，理解老板的各种需求

试着用老板的思维看问题，是一名员工获得机会、提升能力的重要砝码。然而，仅仅掌握老板的思维方式，并不意味着你就是他心目中不可替代的人。思维的方式有千百种，员工通过锻炼，或许可以充分理解老板的指令和决策，把工作完成得更好。但其本质仍然是在被动地遵从老板的意志，这虽然是成为出色员工的因素之一，却并没有达到优秀员工的要求。

老板就像一本书，书写他的人只有一个，阅读他的人却有很多。理论上来说，所有能站在老板角度看待工作的人都可以成为老板的助手。员工想要深度挖掘自己的价值和潜能，就需要更上一层，去理解老板的需求。

需求是市场中永恒不变的主题，因为有了需求，才会产生供需双方，才会有衍生出来的各种利益因素。老板也是一样，当你对他的工作没有异议，并完全理解其背后的深层次用意的时候，你就是老板眼中具有执行力的员工，是企业能够达到目标的工具；但当你能够透过老板的每一条指令，从中发现老板的真正需求，甚至举一反三、帮老板找出他自己都没有意识到的需求时，你就是老板的左膀右臂。作为后者，你为老板带来的利益，将是以倍数计算的。

管强所在的公司不久前刚迎来乔迁之喜，新地址是在一座高档写字楼，有多家实力企业入驻其中。为此，他们的老板对新公司的工作格外上心，一有空就到公司巡视工作。

一天中午，老板来到公司门口的接待中心巡视，随便看了几眼，他就要求前台接待和客服人员全部撤掉办公椅站着工作。大家当然觉得莫名其妙，但鉴于老板口气不善，所以都乖乖地照做了。结果一天下来，不少穿高跟鞋的女员工都站肿了脚。

管强是当天的内务主管，在一线总结会上听说这件事后，他给老板打了电话，想确认对方是突发奇想，还是想要制订新的接待要求。不料电话另一端的老板语气十分坚定，要求前台客服以后必须站着上班。管强很不满，但忍着没有发作，而是决定先调查一番。

一周后，就在客服的女职员接连提出辞职抗议时，管强来到老板的办公室，郑重其事地向他递交了前台客服中心的申请。理由也很简单：办公楼里的其他企业的前台都是低柜面高座椅，接待客户时没有阻拦；只有他们公司是客服人员坐在高柜台下面，容易让客户产生距离感，因此有必要改建成与其他公司相同的柜椅。

看过管强的报告后，老板没有提出任何反对意见，大笔一挥就通过了申请，并对管强的处理方法十分满意。

试想一下，如果管强当初只是一味地同老板争执是否该让客服部门站着上班的话，能得到有成效的结论吗？作为值班主管，如果他只把老板的要求当作是个人爱好，而忽视了老板真正的目的是要改善公司形象，那么他毫无疑问地会被前台客服列入不受欢迎名单。所以，职员如果想要得到重用，仅明白老板的目的并不够，还要有能力分析老板的需求。

1. 准确理解老板意图

作为领导者，老板当然希望为自己工作的都是足够聪明、敏感的员工，只需要随便点播几下，就能准确明白自己的意图。况且他们身在高位，更不想让员工认为自己有个人倾向，因此很少会直截了当地表达自己的意见。所以，职员理解老板意图的水平，很大程度上会左右你分析老板需求的结果。

2. 积极找寻未开发需求

老板的需求也需要开发？没错，感同身受不仅要理解老板展现出来的表面需求，还要挖掘老板未透露出的内心需求（深层次需求）。例如，老板在看过当季的业绩报告后认为业绩“还不够好”，此时他心里正想着用什么方法才能帮助企业提高业债呢。虽然他还没有说出口，但如果此时你能针对业绩报告提出有建设性的方案，相信你的老板就会对你刮目相看。

3. 谦逊淡然，维护老板权威

老板也是人，他们也有自尊。你能够找准重点、分析需求、创造收益，他们当然会很高兴，因为你这样做证明老板很有眼光。但是，如果你因此而成就感爆棚，以老板的恩主自居，认为没了自己老板就活不下去，那么老板又会认为：你那么有本事，还要我做什么？谦逊是老板们公认的美德，所以请时刻牢记保持谦逊，对自己说：我所解决的问题，全部来自老板的暗示。

读心寄语

- 不要被表象误导，老板的言行永远涉及本质。
- 满足老板的需求就是你的责任。
- 优秀的员工可以让老板更加优秀。
- 你的谦逊，是老板的刚性需求。

发现老板的困难，协助其走出困境

现代职场是一个竞争激烈堪比战场的地方，无数优质人才通过不流血的竞争获得上位机会，也有很多的员工被无情淘汰。通常情况下，很多人会为这些出局的员工鸣不平，认为他们只是运气差了些。但我们现在要纠正这个观点：没有不走运的员工，只有不中用的职员。

这里的“不中用”，是指当老板需要帮助的时候，员工却未能做出应有的表现。商海中从来没有一帆风顺的事业，作为老板，他们其实承担着和员工同等的压力与抉择。而不同点就在于，员工面对压力可以选择放弃，另起一行从头再来；老板却没有这样的福气，随便一个失误都有可能让他们前功尽弃。也正因为如此，老板才不会忘记那些在关键时刻拉自己一把的人。

对于苦苦寻找晋升之路的优秀员工来说，又有什么样的功劳，比得上在老板最窘迫的时候帮他一把呢？关于这一条，曾经有员工问我们：如果自己连基本的工作能力都没有表现到位，老板又怎么能看得上自己的“帮助”？其实，这些员工是把“帮助”看得太重了，其实在更多时候，你的举手之劳，就是对老板最大的恩惠。

陆威是某公司老板的御用司机，但他只负责“白班”，即与其他朝九晚五的员工一样按时上下班。到晚上下班时，就会有晚班司机老冯来接班。

有天老冯请了事假，晚班临时“空窗”，老板本来想当晚应该没什么事，不料夜里一位前几天刚谈完合同的B公司的徐经理打来电话，说自己车子在半路抛锚了，希望陆威的老板能帮忙派车去接应一下。这让老板有些为难，一来刚与徐经理谈了合作项目，从长远来看不好拒绝；二来明知今晚司机空窗，大半夜的总不能自己开车过去吧。犹豫片刻，老板还是一口答应下来并打通了陆威的电话。陆威从梦中醒来，听到老板在电话里“求助”，虽然有些不情愿，但还是起身决定帮老板这个忙。最终圆满地接到了徐经理，陆威回到家已是凌晨两点。事后，老板专门在会议中表扬了陆威，并对陆威说：“你不只是帮了我一个忙这么简单，而是帮我挽留住了一位客户。从那以后，老板将陆威作为身边重要的助力重点培养。

在今天的企业中，和陆威类似的案例比比皆是；当老板面对一些无法独自面对的麻烦时，他需要身边有人帮助自己走出困境、解决问题。而作为员工，当我们看到老板身处窘境的时候，是要幸灾乐祸，还是要果断解围？答案不言自明。然而，机会留给有准备的人，如果想要施恩给自己的老板，你就必须要有识别它的能力。

1. 了解老板的缺陷

人无完人，每个老板都会有自己的“隐疾”，只是因为身份关系，他们会有意识地把这些缺点小心地包裹起来，尤其不愿让员工发现。你可以把这种做法当作虚荣或者虚伪，但同时你要懂得：老板的缺陷在你这里就是千金不易的财富。当你发现它时，在无形之中你和老板之间就建立了一条联系通道。

2. 看准时机，拉老板一把

纸里包不住火，只要是缺点就有暴露的可能：公司聚会的时候，五音不全的老板绝不会首先提议去KTV；文采黯然的老板，也没有可能当着员工的面做即兴演讲。作为员工，一旦发现这些缺陷有暴露的危险，那你的机会就来了！

3. 正确处理老板的缺陷

对了解老板的困难和缺陷的员工来说，这个优势既是机会也是麻烦。把握得好，被你拉了一把老板自然会感激不已，并对你另眼相待；把握得不好，结果会将老板的问题公之于众，你恐怕真的要吃不了兜着走了。

读心寄语

- 老板的缺陷是秘密，绝不能有第三个人知道。
- 想利用老板的缺陷帮助他，就要装出不知道的样子。
- 老板不是傻子，机会只有一次。

担心着老板的担心

我们经常会问自己，老板到底看重哪种员工？或者说，员工该怎样表现才能让自己得到足够的重视？我们的建议很简单：替老板未雨绸缪。

从纯粹的用工角度上来讲，老板们对员工的要求是永无止境的。他们不止希望自己能拥有强大的领导能力，以实现自己的事业梦想；同时也会要求员工跟自己一样，对企业的未来饱含憧憬，对自己的工作充满激情，并愿意为此忍受所有委屈。这也是不少老板都不怎么受员工待见的原因。

然而不能否认的是，那些被老板无情抛弃的员工，大部分都是由于工作未能达到老板要求，成了拖后腿的“弃子”。而那些为了工作不眠不休，甚至放弃家庭生活的员工，最后却都无一例外被青眼相看，成为老板的左膀右臂。而他们之所以能在这场残酷的选拔中夺魁，主要得益于他们超出了老板的预期要求，令老板喜不自胜。

易明是个普通的应届毕业生，经过长达半年的试用期才和公司签订了正式合同。他十分珍惜这个工作机会，对待工作热情四射，绝不会有拖沓迟误的表现，因此年轻的易明也很得公司主管们的欢心。

但是时间一久，易明就发现了问题：主管们虽然很喜欢自己的闯劲和敬业精神，却无意提拔他。易明所在的部门是公司的老资格外贸部门，主要负责联系欧美客户的订单。然而，受最近几年金融危机的影响，公司的海外客户正在不断萎缩，部门业绩逐年下降。因此老板动起了裁员的想法。大家人心惶惶，包括几个主管在内，都在悄悄联系其他企业为自己寻找出路。不利的局势也让易明担忧起来：老员工经验丰富尚且有后路可走，自己却是工作经验不足两年的新人，一旦被裁就很难找到新的工作。除非他的表现能体现出足够的价值，让老板主动留下自己。

经过分析部门业务，易明发现，公司通过中介联系的东欧订单正在小幅增长，只需数年就会成长为新的业务重点。他立刻报名参加了俄语学习班，闲时就搜集东欧地区的商业信息。一年后，公司成立了专门的东欧客服部，并着手裁撤外贸部。于是易明向老板毛遂自荐，一口纯正的俄语不仅帮助公司收获了重量级客户，也让老板心花怒放，很快他就被任命全权负责所有俄国客户。

易明的工作经验或许比不上从业多年的前辈们，但他却能在裁员大潮中幸存并获得提升。表面上看，他只是靠着一门外语得到了老板的重视。然而，如果当初没有未雨绸缪，发现公司新的增长点所在，相信无论如何提高自己的工作水平，易明都很难躲过公司的大剪刀。

开头我们就讲到过，老板对员工的要求是标准的“遇强则强”。一个员工，如果只满足于完成手头的工作，而不是积极为老板分担工作，那么老板就不会对你另眼相待。而当你的表现超出老板预期、能够为他分忧解难的时候，你就等于坐上了火箭。当然，这种能力同样需要学习。

1. 拒绝“一招鲜”

新的时代和竞争机制对员工也提出了新的要求。在传统的企业模式中，一个员工只要掌握了某一项技能，就可以保证终身无忧。但在激烈的竞争环境中，这样的惯例已经成为“落后”的代名词。如果你想要更好地在企业里生存，就要不断提高自己的工作能力，永葆雇佣价值。

2. 眼观六路，耳听八方

诚然，企业需要的是专人专才，但那并不能作为你拒绝提升自己的借口。在信息和网络的冲击下，资讯正爆炸似地冲向所有个体，身处其中的你，如果仍旧墨守成规，不主动去了解企业的生存环境和老板的工作思路，结果就只能是离开了。

3. 为老板工作，为长远考虑

老板可以接受资质有限的员工，但绝不会容忍迟钝的员工。你可以通过磨炼为自己赢得生存的权利，但是在老板看来，你的能力必须对他的事业有绝对的益处！埋头苦干固然能获得赞美，却无法赢得永不满足的老板首肯。而如果未雨绸缪，以企业的发展为考量进行自我提升，老板若不重用你，就是他的无能。

读心寄语

- 知识永无止境，人有才尽之时。
- 对于老板只有利用价值非常可观的员工才是“自己人”。
- 老板需要“救火队员”，更需要“防火预案”。

别等着老板为你“救火”

对企业员工来讲，老板对你的赏识程度，往往决定了你在企业中的发展水平。他对你的苛刻要求，通常情况下就是需要你未来达到的高度，包括执行力、领导力、统筹组织能力、交往能力，以及基本的专业技能。但是，拥有了这些能力，并不意味着老板就会完全信赖你、倚重你。因为除了上述提到的素质之外，老板们还很重视另一条标准：独立。

对办公室哲学的过分迷信，让不少职场人士对老板的用人思路产生误解，认为老板不喜欢自己的员工太强势，否则可能会威胁到他们自身的地位。然而事实并非如此：老板的确会防备那些野心爆棚，想要把自己当作垫脚石的员工，但这不意味他们就会拒绝那些具备独立工作能力的人。而且正相反，老板最赏识的，就是不依赖他人、能够独自解决各类问题的员工。因为这意味着他们不需要花费太多精力和时间，对职员的工作进行调解、干预，自己只需要做好统筹领导工作即可。越能让老板省心的职员，老板用起来越放心。

业务工作是新员工经常要面对的一个挑战：没有技巧、没有人脉、更没有信息，只能摸着石头，一点一滴地去争取资源。

林玉大学刚毕业，被公司分往业务部工作。她知道自己一没能力二没经验，想要在公司立足只能从零开始。所以林玉每天都会跟在老员工屁股后面，和他们一起去见客户，虚心向前辈们请教经验，并努力争取机会，让自己得到锻炼。闲暇之余，她还主动去学习其他专业技术充实自己。公司起初对林玉并没有多少看重，认为青涩的大学毕业生能胜任工作者寥寥无几。但是当林玉的业绩水平逐渐上升、潜力逐渐显露的时候，部门经理决定试着让她去单独处理一些合作业务。

得到信任的林玉很快就展现出与众不同的工作能力：她没有像老员工那样对客户展开公关营销，而是在会面前，就将对方的所有信息了解透彻，并当面分析他们当前的优势和困难，直接以纯技术的方式与客户进行周旋，专业水准令对方印象深刻，对方当即同意与公司进行合作。老板对林玉的表现大加赞赏，决定破格提拔她为业务助理，并将所有合作客户的工作都交由林玉负责。

作为刚毕业的大学生，林玉的确有着其他老员工无法比拟的学习能力，但是仅有潜力并不足以让她成为老板眼中的“未来之星”。只有当林玉用实际表现证明自己可以独立完成工作后，老板才确认了她的价值，并以提拔重用的方式表达自己对他的器重。

我们都在刻意强调员工的工作能力，因为它是一个员工的立身之本。但能力就像流水线上的制成品,是可以培养出来的。只有那些不依赖他人、独立工作的员工，才会被老板所喜爱。而这些员工身上，也会有一些相同的闪光点：

1. 无与伦比的自信

敢于独自面对挑战的员工，首先肯定是个充满自信的人。你越自信，就越不会去依赖别人的帮助，更不可能指望老板来“救火”。而对于其他人来说，你的自信就好像在向他们展现光明的未来和希望，让他们不由自主地愿意接受你的领导。

2. 实打实的工作能力

自信不是无源之水，每一个自信的员工都有实打实的工作技能撑腰。任何能力都需要下得了功夫、吃得了苦后方可获得。想要让自己有本事独当一面，你就要有足够的能力胜任那些负担。

3. 好人缘

很明显，独立解决问题并非是指一个人面对所有问题，而是员工在没有老板指挥领导的情况下完成工作。现代企业是讲究分工合作的地方，一个人很难取得单枪匹马的成功。熟络、良好的同事关系既是经验的固定来源，也是快速成功的助力。

读心寄语

- 能力是获得老板信任的唯一途径。
- 老板最青睐能让自己稳坐钓鱼台的员工。
- 无论工作有多么艰难，都要葆有希望。
- 别指望什么时候都有老板当靠山。

自以为是是战争的导火索

员工与老板之间的关系永远都是一部说不清、道不明的哲学史。我们可以认为两者相辅相成，也可以认为二者存在不可调和的矛盾。但是，作为一个在现代职场中艰苦打拼的成员，无论你对老板印象如何、与老板的关系如何，都要学会理性面对这些事情，千万不要自以为是——如果你不想一落千丈的话。

职场的激烈竞争经常会让职员的心理出现较大程度的起伏，具体表现为：对同事关系的刻意经营和怀疑，坚持认为老板只想利用自己，对老板虚与委蛇、对企业内部的各类信息都会不由自主地用权术思想解读，等等。这是一种极不健康的心态，也会将自己拖入“战争”的陷阱。

姜憬莉是公司的技术主管，目前正在和同事积极竞争副总经理的职位。某日早晨，当她来到办公室准备工作的时候，却发现老板取消了自己当天的工作报告计划。这个不同寻常的举动让姜憬莉十分担心，因为与自己一道竞争副总职位的还有HR主管赵钊。据说他是老板的远房亲戚，又负责人力岗位这样重要的工作，年龄也比供职超过二十年的姜憬莉小很多。相比之下，技术出身的姜憬莉优势并不明显。而在两人竞争呈现白热化的关口，老板突然取消她的简报，她怀疑老板在向她暗示：他已决定让赵钊出任副总，自己应该尽早退出竞争？想到这里，姜憬莉不禁百感交集，并在心里埋怨起老板的任人唯亲之举。

当天下午，在看到赵钊按日程去向老板做简报回来后，姜憬莉更坚定了自己的看法，冲到办公室与赵钊大吵一架，说了不少难听话。老板知道后，对姜憬莉进行了严肃的批评，姜憬莉对此感到毫不意外，当着老板的面就宣布退出竞聘。然而，实际情况是老板前一天晚上因为应酬喝得太多，早上起来后头痛欲裂，所以才通知秘书取消当天上午所有不必要的工作日程。

员工们自然希望老板能够对包括自己在内的所有职员一视同仁，而老板也在努力使自己成为这样的人。但如果员工都像姜憬莉一样，想当然地去推测老板的想法，自以为是地把老板的所有言行都涂抹上自私的色彩，不但患得患失，而且价值观也因此变得偏执。那么最终损失的只能是自己的职业形象和老板的好感，结果很可能是灾难性的。

人是脆弱的动物，我们当然希望你为了生存而保护自己。但在激烈的职场环境中，你一定要学会用理智的眼光看待所有事物，不能被他人和自己的情绪影响到正常思维，否则被伤害的终究会是你自己——没有“内功”的员工一定会被废掉“武功”。

1. 正视自己的岗位，克制不良影响

权力和地位是员工价值的最直观体现，但如果你因此而对自己的待遇愤懑不平，过分积极投身到权势的游戏中去，那么你就彻底走错了路。你千辛万苦才走上正途的职业生涯不是为斗争准备的，做好自己的工作才是最可靠的立身之本。

2. 不要过分在意别人对自己的看法

“猜测”是自以为是的导火线。在企业里，如果你把过多的精力都花费在推敲他人的用意和意图上——猜测同事对自己的看法，推测老板对自己的态度，那么你很快就会陷进一个不真实的自我世界中去。与其关注别人的眼光，不如专注当前的工作。

3. 永远不要拿老板当话题

老板处在企业的核心地位，自然也会被员工议论得最多。但是，员工口中的老板，往往都不是老板的真实形象，这其中添加了太多员工的猜测、臆想，还有风言风语，说白了就是所有人的自以为是。作为职员，如果你不希望让老板给你添上“自以为是”的罪名，就最好不要参与这些谈论。

读心寄语

- 没有调查研究就没有发言权。
- 不当哑巴，也绝不做喇叭。
- 人人都有头脑，不要以为自己的思维无懈可击。
- 做不到最基本的信任，就得不到老板最起码的尊重。

时时刻刻都别让你的老板尴尬

企业每天面对的都是不一样的市场环境，员工们遇到的也都是不同心理状态下的老板。作为一个有自主思想的人，老板也有各种性格硬伤：虚荣、自负、自傲、蛮不讲理，这些缺点给下属带来无穷无尽的干扰和伤害，老板们也因此收到了不少差评。但是，作为员工，你有没有想过，老板身上的问题，是不是也是你的问题？你当然有责怪老板的权利，但是作为他们的下属，你是应该一针见血地指出这些问题，让老板尴尬不已，还是对事不对人，让老板自己学会改正？

想要与老板保持良好的工作关系，就得保护好老板的尊严，他永远不会欣赏令自己尴尬的员工。老板认为：对内，自己是团队的领导者，应当在员工面前树立威信；对外，自己代表团队形象，所以要尽可能令自己看上去完美、干练。

在外人面前，维护老板的形象，是很多员工知晓的道理，但是有些人忽略了一种情况：自己单独和老板在一起时，也不能令其尴尬。

张思德是G公司质检部的一名职员，近来张思德负责检查生产部A生产车间的产品。

由于张思德查出了A生产车间产品有若干问题，于是质检部、生产部全体人员就最近出现的问题召开了一次会议，大家坐在一起商讨。期间，质检部部长说：“最近，我部门质检员张思德查出了 A 车间生产的产品的不合格率较高，你们生产部各位同事，看看是否需要调整生产工艺？”

这时候，生产部部长对质检部说：“工艺已经调整过了，但情况没有你反映的这么严重，我们虽然生产了不合格品，但是比例没有这么高，所以你必须先修改报告，再交给总经理。”

这句话令质检部部长有些尴尬，他又仔细翻看了质检报告才发现，确实由于他的疏忽，导致报告上出现比较严重的错误。见自己的部门领导面露难色，张思德马上意识到。此时，自己的老板处于非常尴尬境地，于是立刻出来打圆场，直到生产部部长不再追究，自己部门的老板的脸色才好看些。

几天后，张思德和自己部门的老板就某项工作正在沟通，张思德觉得，反正旁边没有其他人，于是想到什么就说什么，他和老板都坚持自己的观点，为了让老板采纳自己的建议，张思德说：“上个月我们也遇到了类似的情况，您用自己的方法，结果证明是错的。”

这句话令他的老板非常尴尬，老板很生气，吼了一句：“这个部门，到底是谁说了算？”

张思德既惊讶，又纳闷，自己明明是在为整个质检部门考虑，上次会议中，自己还在生产部部长和同仁面前维护老板的面子，现在就他们两人，因为自己的一句话而大发雷霆，自己的老板气量也未免太小了。

很多员工会这么认为，当你曾经维护了老板，老板就已经把你当成“自己人”，但老板未必会这么想。在老板眼中，员工与自己永远存在距离，甚至很多老板不会百分百“相信”员工，你应当做的，便是处处维护老板的面子，不要让他尴尬。

有时候，很简单的事情，却能让两个至少看上去关系不错的人撕破脸。你或许说的是心里话，但是别忘了关键一点：没有人喜欢被触怒，更不愿意丢脸，尤其是一堂之主的老板。他们能安心坐在办公室里，和职员对他的尊重是分不开的。而如果职员不但不维护老板的脸面，反而处处使老板尴尬、下不来台，那就不要想在职场里生存了。

1. 学会忍让

从某种程度上来说，老板的尴尬与职员的尴尬是不同的：你在众人面前被老板弄得很尴尬，大家会觉得你很可怜；但是当老板在众人面前出现尴尬的时候，职员们就不会这么想了："活该！""叫他装腔作势！""老板也不过如此嘛！"结果就是颜面尽失的老板很快就会失去理智，然后做出更不理智的事情。在这个时候，如果你会忍让，心平气和不争辩，老板也会"遇弱则弱"。

2. 满足老板的虚荣心

人都喜欢虚荣，老板也不例外。作为员工，如果你能在适当的时候用合理的方式满足了他的虚荣，老板不但觉得你工作能力强，而且会进一步认为你很有眼色，是个可以培养的后生。而如果你没有这么做，恰巧你的老板心胸又不怎么开阔，那以后就有你受的。

3. 记得给老板台阶下

都说"不蒸馒头争口气"，当老板陷入尴尬境地的时候，他们已经不想再纠结事情本身是对是错，满脑子想的只是及时脱困。这时，如果你一味坚持，就会让老板彻底下不来台。所以，不要过分纠结小地方的得失，给老板说句"对不起"，或者违心地在众人面前让老板得个便宜，真的没什么大不了。

读心寄语

- 老板的尴尬，就是员工的无能。
- 没有什么大不了的，真的没有什么大不了的。
- 你不退，老板就不退。

Chapter 8 .

老板就这样被你征服

——读懂老板，赢得老板赏识很简单

做事要懂得迎合上司心意

这个问题要相对复杂一些：在不少企业职员的观念里，都会不自觉地在“迎合上司”与“拍马屁”之间划上重重的等号，认为一味逢迎上司、跟在老板身后做跟屁虫的职员，是最低贱、最没有原则的人，于是深为不齿。这种观点不能说是完全错误的：“原则”和“底线”是每一个企业人都必须具备的职业操守；但是如果就此将迎合上司与溜须拍马相提并论，显然又有失公允。存在即是合理，企业中普遍存在迎合上司的现象，足以说明它是被人所接受的。

冯雅和尹萱都是公司的公关助理，尹萱平时为人清正，做事自有一套原则，不喜欢那些虚头巴脑的行为，因此很看不上喜欢奉承客户、爱说甜言蜜语的冯雅。前任公关经理退职后，尹萱和冯雅就对高位展开了激烈竞争，二人实力不相上下，就连老板一时也难以做决定。尹萱自认行得端做得正，觉得公关经理的职位非自己莫属；而冯雅平时见人就“拍马屁”，常把一贯严肃的老板逗得捧腹大笑，连公司里的同事们都对她颇有微词。于是尹萱自觉胜券在握，就更不把冯雅放在眼里了。

然而当任职通知贴出来后，尹萱却傻了眼：经过公司高层投票，决定任命冯雅为公关经理。尹萱对此感到难以理解：她对每一位来访的客户和媒体都非常热情，对老板也从未有过“出格”的行为，怎么可能会输给“马屁精”冯雅？气急败坏的她跑去老板办公室想要讨个说法，得到的回应却是：“你不太适合与人相处。”

老板的解释让尹萱无法接受，她不明白：只因为不“拍马屁”，就能说明自己是个难相处的人吗？

就像开头提到的那样，尹萱的失误就在于没有认清“马屁”和“迎合”的区别。赞美、奉承其实和问好、安慰一样，都是人际交往中最普通的手段，属于简单的沟通方式。员工身处职场，本来就要面对关系复杂的人际网络，大家在同一屋檐下打拼，当然希望自己和同事易于相处，最终目的都不过是加薪、晋升。迎合自己的老板、上司，其实就是迎合自己的前途。既然如此，又何必过于在乎其中的道德羁绊呢？只要掌握一些技巧，所谓的“拍马屁”就能立刻化身成为上下级交往的有效桥梁。

1. 重视自己的上司，以殷勤的态度打动他

老板和上司是企业中的优势主导者，他们身在高处，自然想要看到下属们对自己足够恭敬。况且换个角度想想，如果你是老板，难道喜欢看到自己的职员个个都耷拉着脸、对你爱理不理吗？说几句好听话，并不会对你造成实质性的损失。老板都不笨，他们其实明白你的用意，所以还要看到你的实际表现。

2. 用恰到好处的方式迎合老板

老板有时跟“情人”一样，都是需要“哄”的。但在“哄”老板的时候，你的方式也很重要：语言说多了就会有无力感，表情再丰富也难以激发共鸣，所以才需要把二者结合起来。例如，老板要求员工 8 点半到岗，你在 7 点半到达，老板必定会对你刮目相看。老板针对某件工作发表自己的意见，别人高声唱赞，只有你在表示赞许后提出改进建议，如此擅长迎合，他想不提拔你都难。

3. 注意迎合的尺度

在和老板相处时，你的“气场”会起到很重要的作用。老板不可能注意一个对自己唯唯诺诺、说话细声细气的职员，而那些高声颂扬自己、随便乱伸大拇指的员工同样会遭到他的厌弃。老板希望看到的“迎合”，是员工从自己真实观点发出的声音，毕竟“拍马屁”拍到马腿上的例子不胜枚举。如果你想要迎合成功，首先就要把守住那两条公认的底线。

读心寄语

- **亘古不变的真理是“不打笑面人”。**
- **自命清高的人没有朋友。**
- **说“Yes”好过说“Shit”。**
- **始终牢记：我不是“马屁精”。**

离开老板的保护伞，独立解决问题

我们在前面已经谈到过员工独自处理工作、不让老板充当“救火员”的话题。在这里，我们要解决：“职员怎样做，才能真正独立？”

自信、能力、人缘，这是具有独立解决问题能力的员工的通性，而且我们也已知晓，这三样特质的获取并不容易。那么，作为在职场中奋力拼搏的我们，应该怎样做，才能在最短的时间里，让老板对自己另眼相待呢？

郑云大学毕业后的第一份工作是外贸公司的翻译兼业务员，供职期间，郑云无论是客户接待还是业务拓展，都不是公司里最优秀的，但老板却总放心把出国洽谈的任务交给他做。三年后，他离职去广告公司做短工，期间学习了软文写作和电脑设计技术，并利用自己的外语技能帮公司拉到了几个外国大客户。公司老板有意给郑云正式职员身份，却被他谢绝，不久就再次离开。回到家乡后，郑云利用自己的业务经验和技术，成功地在一家传媒企业里找到了职位，并得到了同事和老板的交口称赞。据公司老板介绍，郑云虽然平时比较安静，但身上具有一种与生俱来的领导气质，而且对工作极其认真，所以老板对他很是放心。而且听说他还在学习影视制作，因此决定过段时间就送他去北京学习。

在郑云的身上，我们已经找到了独当一面的金牌职员最典型的历练之路：充实、稳定，还有责任感。多年的漂泊不仅没有让他沉沦，反而使他变得更加强大，强大到几乎不需要老板的羽翼保护。因此他的成长之路值得我们借鉴。

1. 为自己树立勇气，向老板立威

想要成为企业和老板心目中不可被替代的一部分，首先就要有独自面对一切的勇气。这不仅是简单的激励和自勉，而且是在面对任何困难时，都能保持稳定的平常心，用超于普通职员的毅力和专业眼光对待工作、业务、人际。毫不夸张地说，老板在评判员工是否足够独立时，最为看重的就是这一点。

2. 集思广益，利用团队争取成功

如果没有郑云那样全面的身手，那么你最好和擅长此道的同事们多加交流、学习，从他们身上萃取最优质的建议和技术，增强解决问题的能力。“独立”并不意味着你必须要一个人面对工作，团队才是企业的财富，而老板们从来都不需要孤胆英雄。

3. 做最好的自己，看重最终结果

你如何证明自己独立解决问题的水平？只有一个：看结果。老板的信任是有条件的，给了你多少空间，你就要拿出多少成绩，工作过程中耗费的精力和时间终究要化为纸面上的数字。无论你犯过多少错误，只要结果是修正过来的，那么你就是成功的。但如果最终的结果证明你的工作颗粒无收，那么无论老板如何信任你，也只能惋惜地说声“sorry”。

读心寄语

- 老板能帮助你解决问题，但不能永远当你的“保护伞”。
- 没有了老板的庇佑，你依旧能独立地做自己。
- 相信自己的能力，更要相信团队的能力。
- 犯错很正常，改错是关键。

成为老板的左膀右臂

如何才能成为老板最信赖的职员？这个问题曾让不少在职场中拼杀的青年员工疑惑。擅长交往、一技之长、敬业精神，这些都是一个优秀员工必备的素质。但是,有了这些就真能让你在老板眼中与众不同吗？不是的，能让老板认为你很重要、不惜以加薪升职的方式挽留你的条件只有一个：没你不行。

想达到这个美好的目标，你就必须做到一点：成为老板的左膀右臂。

每个志向远大的职员都希望自己能获取更大的成功，如同他们抱负万里的老板一样。但是，志向是需要事实来实现的。你想要在老板心中占据多么高的位置，就要达到多么高的要求。残酷的事实也已证明：如果只在自己的一亩三分地里经营，你永远都不可能成为老板的左膀右臂。

安以柔是个生性腼腆的女生，在毕业求职时屡屡碰壁。无奈之下，她到西餐厅做服务生维持生计。为了能留在大城市、获得更高的薪酬，她向经理提出学厨请求。经理对这个申请感到不可思议，因为很少有女孩子愿意在忙乱的厨房环境里工作。何况在传统观念中，专业厨师和女性几乎是绝缘的。只是看在安以柔苦苦哀求的分上，经理最终同意让她下厨房。

学徒期间,安以柔做得很用心,也很卖力。她原想拜主厨为师，遭到拒绝后就潜心学习法语，终于用诚意打动了法国主厨，允许她跟随自己学艺。但烹饪并不是一朝一夕就能出师的工作，于是安以柔从最简单的摆盘开始练习，先后苦学刀工、造型、调制等工艺，还同时跟着另一位厨师学习甜点，在厨房里一待就是四年，厨艺日渐增长，还考取了专业资格。经理被安以柔的进步打动，决定让她去分店工作。安以柔不负众望，得到了客户的一致好评，并在后来的时间里不断提升厨艺，成为分店的明星女厨。靠着这份荣誉，经理亲自送安以柔去广州继续接受培训，毕业后就让她负责分店。

为了经营好自己的招牌，安以柔又挤出时间研究管理学，还创造性地和周边的泰国饭店、日式料理、中餐厅合作推出“四季什锦菜谱”，受到好评如潮，她迅速将其推广到其他店面。然而，直到安以柔当上连锁餐厅的二把手，经理都不知道，她大学时学的是国际贸易专业。

没有一成不变的技能，更没有永远吃香的职位。如果安以柔当初坚持靠自己的专业入职，或许也能取得成功，但若是她不知变通，只把自己的目光停留在眼前的工作上，那么用不了多长时间，她就会加入默默无闻的员工群体，时刻因裁员大潮提心吊胆。

普通员工想要获取老板的重用，唯一能做的，就是用全面的身手，让自己成为老板最得力的“拳头”助手。

1. 更全能、更全面的工作能力

职场中拼的就是全面。很多人觉得自己可以凭着一手过硬的技术在公司里立足，不需要再学习其他知识。然而，你所擅长的技能有时也是别人擅长的，而在最擅长精打细算的老板眼中，他会选择更加全面的那个员工——这个人更善于学习，也有更大的发展空间。所以，要时刻学习更多知识充实自己，更新思路，才能确保不会在提升之前就掉队。

2. 更敏锐、更宽广的职业嗅觉

市场是一座立体的魔方，只有目光长远、善于构筑未来的职员才能得到老板的侧目。老板们需要不断为企业注入新鲜的血液，他们不可能容忍固步自封的人拖自己的后腿。全面的知识，多方位的学习，就意味着眼界的提升和思维上的创新。平心而论，只要是老板，都不会忽略勇于接受新事物的员工。

3. 更精明、更细致的处世态度

全面、创新，这是员工的晋身之本，但与成为老板的左膀右臂还有些距离。老板们喜欢能随机应变、心思细腻的职员，也青睐头脑灵活、忠诚于自己的帮手。在人与人之间信任感愈加薄弱的现代职场，做一个被老板看重的职员并不容易，但认真、细致的工作态度可以助你一臂之力。

读心寄语

- **时代在变，人也要变。**
- **大部分人最常用的都是右手，请做老板身边最得力的“右手”。**
- **慵懒的老板需要智囊，精明的老板需要耳目。**

适当恭维让老板展露笑颜

几乎所有人都希望得到别人的恭维，虽然是一个弱点，但员工却可以充分运用老板的这个弱点。正因为老板处于核心位置，属于决策者，所以员工应当尊重他们，这也是下属为自己赢得机会的重要方法。

很多人只有在请求老板的时候，才会恭维他，这显然带有很强的目的性，会令对方不舒服。如果你在日常工作中，适当恭维老板，一旦你遇到困难，或是机会来临，“顺利闯关”的概率就会大一些。

不少员工将恭维老板，想成简单的“说好话”。实际上，说话没到点子上、不好听、不到位，都不会令老板满意，如果注意了这些，老板便有可能接受你的条件和要求。

一般来说，员工多赞美老板，会令他的心情愉悦，不过要注意度，以免让老板觉得你是个马屁精。

说好听的话，是为了营造良好的工作气氛。吉斯菲尔伯爵曾说：“各人有各人优越的地方，至少也有他们自以为优越的地方，在其自知优越的地方，他们固然喜爱得到他人公正的评价。”

老板对自己的优势了如指掌，当员工在此方面适当恭维，对方会认为：你很认真地观察他，非常细心，并且很有眼光。这让老板的心情变得愉悦。

赵菲在一家销售公司上班，主要负责A区域的产品销售工作，她的老板一直从事销售工作，有很丰富的经验。

赵菲很尊敬老板，不论日常工作，还是休息时间，遇到不明白的问题，都会向老板请教，当然，她也常常“恭维”老板。

有一次，赵菲在跟进某单业务的时候，客户总是将所有话题都集中在产品价格上，这令赵菲觉得很头疼，她不得不将此情况反馈给老板：“领导，客户的要求全在价格上，我已经与他们做了很多次沟通，也有一定优惠，但是对方坚持要我们再降价。”

经过与老板的沟通，赵菲渐渐理出了头绪，赵菲一边收拾资料，一边说：“领导，我刚进公司的时候，大家都说您是销售高手，上班这么长时间，您一直在指导我，真的非常荣幸。”

此时，老板的脸上已经露出了欣慰的笑容，虽然没有多说话，但此时的气氛很融洽。

老板乐意听到下属的“恭维”，正因为如此，员工得以找到老板的弱点，并可以此为突破口，从而营造良好的工作氛围。

说到恭维老板，首先想到赞美他，恰到好处地戴高帽子，能够令老板产生愉悦的心情。值得注意的是，恭维不是溜须拍马，而是真诚地表达自己的佩服和称赞，几乎所有人都想听到赞美之言。称赞老板也要掌握技巧，以免弄巧成拙。

那么，你要如何做，才能恰到好处地恭维老板呢？

1. 巧妙地给老板“戴高帽”

巧妙地给老板“戴高帽”，会让他感觉你非常尊重他。如何给老板带戴高帽，成为很多员工需要考虑的问题。

一味地说赞美之言，会令老板觉得不真实，更重要的是，不能说对方不存在优势的方面。例如，你的老板身材矮小，可你偏偏说他有“高大伟岸”的身躯，他会明显觉得你在溜须拍马。

有人问我："我应该如何恭维老板，才会有最好的效果？"

实际上，你可以将"恭维"融合在日常工作中，处处尊敬你的老板，并自然地多说一些赞美的语言，就会令老板一想到你，便保持愉悦的心情。

当然，你不能总是使用同样几句话形容老板，对方会觉得你是在敷衍了事，并没有很用心，反而令其很反感。

2. 保护老板的虚荣心，就要求正确地给老板"戴高帽"

老板的虚荣心，联系着团队的形象，所以他才会如此重视。如果员工可以保护老板的虚荣心，后者就会认为员工是在为团队着想，是站在全局高度的。

给老板戴高帽子，也是维护他虚荣心的重要方法，但是如果处理不得当，错用词或是没有联系实际情况，都会造成画虎不成反类犬的结果。

职员张华在工作之余，结合自己的实践经验，写了一篇总结性报告。文章中提到了他的老板，并写道："您的才华和能力相当了得，只在企业工作会限制您发展，如果您可以专门研究管理学，则有可能收获更多，一定会成为商务管理专家，相信您会有更多优秀成果问世。"

老板看了他的话，说道："你是想说，我不适合在企业工作，只能另谋他职？难道我镇不住这个公司吗？"

张华马上觉察到这句话的分量，连忙说："不不不，您误会我的意思了，我是想说您太优秀的了，可以有更好的发展……"

最后，连张华自己都说不下去了，他怕自己说一句错一句，还好有同事过来打圆场，他说："张华是想说，您是很有才能的人，不仅把公司管理得很好，其他方面也非常优秀。"

可见，想要保护老板的虚荣心，必须掌握正确的方法，正所谓“一句话把人说笑了，一句话把人说跳了”。如果没有讲求语言上的策略，就会导致不好的结果。

3. 注意语言表达的分寸

恭维老板不等于奉承，想要表达出欣赏、敬佩之情，就必须使用真诚的语言。只有先看到上司确实有这方面优势，才能说出赞美，否则就会把好事变成坏事。

当你发现老板在某一方面存在优势时，就可以毫无顾忌地赞美他，例如，“您的写作能力真是太厉害了”，“您的口才真好”，“您就是我们公司的销售之神”，“您是个非常讲原则的人”……

如果对方没有这些优势，你就不能说。但是也不要总是说相同的话，以免老板认为你除了谄媚，其他都不会。

人人都希望受到别人的夸奖，他们更希望从别人的评价中，了解更真实的自己。老板也是一样，正因为他想知道自己在别人心中的形象和位置，才会因为下属的赞美之声，而让自尊心得到满足，从而对赞美者产生好感。由此可见，运用恰当的语言赞美老板，能够缓和上下级关系，对员工来说，是很有好处的。

当然，在恭维老板的时候，需要掌握语言的度，既不能过于夸张，也不要过于保守。

读心寄语

- **不要吝啬赞美老板，而是要将此看成“家常便饭”。**
- **切忌溜须拍马。**
- **赞美老板要表现出真诚的态度。**

机会是创造出来的

不少员工认为自己“缺少运气”，似乎机会总是与自己擦肩而过。实际上,机会对每个人来说都是平等的,关键在于你是否能够迎合老板的“口味”,如果你表现出来的能力,正是对方所需要的,他就有可能将机会给你。

机会是一种稀有资源,老板只会给最欣赏的人,在老板的固有思维中,没有突出贡献的员工,是无法得到这种资源的。作为下属,想要获得机会,单靠努力工作是不够的,必须让日常事务变得“绘声绘色”,这才是创造机会的重要途径。

李梅是某公司的生产部统计员,虽然刚进入该企业,但聪明好学的她,已经可以非常熟练地完成工作。

转眼到了10月中旬,总经理召集生产部、质量部、财务部所有员工开会,会议的主题是:如何充分利用原材料,做到开源节流。

会上,总经理讲述了本次会议的目的:公司为了创造更多效益,决定对所生产的产品进行物料控制,第一步是掌握目前使用原材料和生产成品比例,第二步是通过有效方法,减少原材料浪费情况。

而李梅的工作,便是做好相关数据的统计。

不仅对于员工个人,于整个企业来说,这都是一项史无前例的工作。原先，总经理打算将统计工作交给某位老员工，但是对方怕麻烦，找了个借口推托了。这时候，李梅主动将工作接下来，并保证尽最大努力做好。

实施这项工作的过程中，出现了不少障碍，李梅的工作也因此受到影响。工人换班了，谁都着急下班，不想再花时间称产品的重量，更何况在此过程中，各方面数据都存在误差。

可以说，物料控制工作遇到了不少障碍，总经理再次召集相关人员开会，大家都在沉默，即便老板提出问题，也几乎没人回应。

这时候，李梅讲述了自己的观点："作为这项工作中的一个环节，我想说一些自己的看法。工人下班之后不愿意称产品重量，是情有可原的，尤其是上夜班的工人，他们非常疲惫，可以由下一班组成员来称，大家应该会同意。我的工作是收集、核算、分析数据，从目前的情况看，数据存在差异是不可避免的事实，不妨先算出差异率，等到核算出最终结果的时候，再将差异率考虑进来，是加上还是减去。"

一时间，很多人将目光投在李梅身上，她说的确实在理，但是最让人钦佩的是，她非常有主见，能够很清晰地表达想法，并具有一定建设性。

后来，老板采用了李梅的方法，物料控制工作才算正式开始，为了更好地核算原材料利用率，李梅设计了好几份报表格式，请老板过目后，最终确定了其中一种。

一段时间后，物料控制工作完全走上正轨，老板在会议上点名表扬了李梅，并将她定为该项目的负责人。

作为下属，都希望得到老板的赏识，机会从何而来？几乎没有人好运到可以等着机会的降临，机会是靠自己创造和争取的，前提是你充分掌握老板的性格，加之运用正确的策略，从而增加获得机会的可能性。

这个过程中，下属应当做到哪些呢？

1. 具备接受新任务的勇气

老板欣赏勇于接受新挑战的员工，正因为需要建设有竞争力的团队，所以渴望有才能的员工。在老板看来，敢于接受新任务的员工，是自信并有勇气的，这与他们建立团队时的状态一致。

当然，好高骛远的下属同样不会得到老板青睐。你必须先给自己合适的定位，最好是在知道任务时，就适度规划一下，不仅让老板放心，也体现出你的工作能力，这些都是对方关心的。

2. 适度渲染自己所做的工作

很多员工生怕别人无法知晓自己做了多少事情，每完成一点点琐事，便到处说，目的是为了传进老板的耳朵里。

其实，没有必要将这些琐事弄到人尽皆知，老板会想：这本就是你分内工作，完成它们还需要奖励吗？

最好的做法：处理琐事的时候，应当保持低调，并且以较高的效率完成工作。不要觉得老板没有在意这些，他会在“暗处”观察员工，一旦某处没有做好，老板就有可能质疑下属的能力。当你承担重要工作的时候，不妨在无意间，将成绩展现出来，你在老板心中的分量就会增加，这和你在团队中的知名度有关。

3. 注意谦虚的“度”

谦虚是美德，但谦虚也要注意“度”，一旦表现出过分谦虚，就会影响员工在老板心中的形象。

工作环境中，如果你不能很好地展现自己，老板就会认为你不自信。

谦虚也要看场合，如果你是在向老板汇报工作，难道还将成绩推给其他人吗？你如果这么做，老板永远不会知道你的成绩在哪里。

4. 坚持自己的立场和主见

在老板看来，没有主见的员工是没有前途的，不仅因为他缺少独立思考的能力，还因为他从心里就没有对自己肯定过。

没有立场的员工，永远不知道自己要做什么，最终导致碌碌无为，哪怕机会在身边出现，他都无从知道。

当老板的身边，有坚持立场的员工，他会非常中意，感觉有了“志同道合”的朋友，所以他会将机会留给这些人。

5. 保持良好的状态

老板走进办公室，首先会观察这里的气氛，如果看到员工懒洋洋的，很可能马上火冒三丈。

有些员工很委屈：“我是为了提高业绩，所以昨天忙到凌晨才回家。”“我在充电学习，也弄了通宵。”

别以为自己因为加班，而第二天盯着黑眼圈上班，老板就会表扬自己。恰恰相反的是，老板对你这副弱不禁风的样子而感到生气，他们会想：“你怎么不在上班时间完成工作？”“通宵学习？你就不能提高点效率吗？”

你看，原以为会被表扬的事情，反倒成了你的缺点。

老板希望团队成员，都保持良好的精神状态，才有能力和精力去处理工作。老板不会同情弱者，一旦同情了，便说明老板在质疑下属的能力。

老板几乎每天面对员工，如果员工无法表现出良好的状态，老板的情绪也会跟着很失落，甚至暴躁，反之，老板的情绪也会跟着高涨。

读心寄语

- 机会就在身边，看你是否能够把握得住。
- 想要抓住机会，需要经过长期积累。
- 创新是永远的亮点。

创新意识得老板欢心

老板们总是说："如今的行业竞争，已经到了白热化的程度，我们必须有自己的特色，才有脱颖而出的机会。"老板口中的"特色"，便是要求员工有创新意识。

"创新"之所以被老板们重视，原因在于它是决定团队成败的生命线，有创新意识的员工，让老板更有安全感。如果下属有好点子，老板肯定积极采纳，因而对这位下属的看法也改变了。

很多员工说："得到老板的欢心太难了。"然而具备创新意识的下属却能轻松做到这一点，令团队充满活力的员工总是容易被老板"发现"。而拥有创新意识的背后，需要专业知识与独立思考能力的支持，当然，沟通能力也非常重要，你要说服老板采纳，就需要将其中的积极面展现出来，老板从来不会和"利益"过不去，当他觉得有利可图，自然会答应。

李曦是一名任职于某房产公司的销售员，该公司规模很大，不仅负责拆迁，还负责新楼盘开发工作。这段时间，李曦就在跟进D区的单子，她需要配合团队，引导住户尽快搬走。该项工作开展得很不顺利，他们碰到了不少"钉子户"。

很多住户不愿意搬到郊区，所以选择资金赔偿的方式，但公司没有这么多流动资金，如果找银行借，就要面对很高的利息；不借，房子又不会马上被出售，从而换得现金，这个难题摆在大家面前。

虽然李曦的工作能力有目共睹，但面对这样的问题，她同样一筹莫展，既然答应协助团队做好这项工作，她就不能无动于衷。

李曦向老板建议："D区的安置房在城市近郊，周围没有工厂，环境非常好，不妨以此为亮点，吸引住户过去。大家在城市中心住得太久，肯定很向往优质的居住环境。不过，光有这个卖点还不够，住户的实际问题没有解决——他们觉得住在郊区很不方便。如果给每一户都配一辆经济实用型汽车，问题就解决了。关于价格，我也做了一份调查，某些国产品牌的该种车型，在市场上只卖三四万元，如果是批量购买，更加便宜。"

听完李曦的建议，老板觉得非常有建设性，经过两次会议商讨，公司决定采纳她的想法。经过这件事情，老板更是肯定李曦的创新意识，当月便奖励给她一大笔奖金。

从这个案例中看出，拥有创新意识的员工，可以帮助老板解决实际问题，当团队获得最大化利益的同时，老板的态度也在发生转变。

虽然老板是站在宏观立场上的观察者，但并不能保证看问题就很全面，需要下属成为他的支持者。老板负责决策，可是毕竟一个人的力量有限，这时候，他们渴望身边能够出现帮助其出谋划策的人。

正因为老板希望员工能想出解决实际问题的新点子，才会奖励提出有建设性想法的李曦。所以说，好的创意能够打动老板，与此同时，老板也不会再怀疑下属的能力。

如何培养自己的创新意识，又怎么让老板发现呢？可以看看以下建议：

1. 了解老板的工作侧重点，发现其中的规律

工作的时候，老板总有侧重点，员工可以在了解其侧重点的基础上，找到老板之所以关心这项工作的原因，从而知晓其中的规律。

没有这个做铺垫，创意就很难出现。从老板的角度说，他更相信员工在了解前因后果后提出的想法，这样一来，老板更加容易采纳。

2. 汇报想法前，要经过深思熟虑

有了创意，员工肯定要向老板汇报，但对方更想听到成熟的点子，而不是“半成品”。

想要讨得老板欢心，必须说一套有用的信息，对于老板来说，他不仅关心员工的好创意，更关心提出创意的那个人所具备的才能。所以说，好好利用你的“点子”，老板才会对你刮目相看。

3. 决定了，就立刻汇报

一旦想好如何汇报，就要立刻执行，切忌拖拉。创意也有“保质期”，可能在这个时间段里，你的想法很有效，过了一段时间，别人想出了更好的办法，或是该项工作已经结束，老板会觉得你是个“马后炮”。

这个过程中，你要让老板看到自己有这些优点：创新精神、做事认真高效、执行力强，等等。老板关心员工的创意，更关心员工如何利用好“创新意识”，如果你在这方面有很好的表现，则能够给老板留下非常深刻的印象。

团队中需要有开拓精神的成员，而不是需要一味模仿前人的做法的人。老板不会重用守旧的人，却青睐有创新意识的员工，不仅因为后者更能迎合老板的心思，更重要的是，能帮助老板建立更有竞争力的集体。

读心寄语

- 拥有创新意识，不只是一个点子，更重要的是将点子转化为现实的过程。
- 不仅要有创新意识，更要有强大的执行力。

展示自我潜力，该出手时要出手

每个人都是有潜力的，如果能够在老板面前表现出来，就有可能为自己赢得更多机会。不少人苦于自己没有遇到伯乐，还有些人总是觉得自己碌碌无为。实际上，每个人都存在优势，就像一座宝藏，拥有丰富的内涵。然而，并不是每一个老板都能主动发现员工的潜力，这便需要你自己去发现，并且将其展示于老板面前。

漳平是某公司职员，虽然参加工作时间不长，但老板很器重这个小伙子，经常夸奖他，同事们都说："你可真厉害，老板不轻易夸人的，你才来上班几个月，都被他在大会上点名表扬好几次了，私下表扬的次数就更不用说，估计你马上就能当主管。"

这样的话语常出现在漳平耳边，他总是微微一笑："大家说笑了，我不过是刚毕业的职场新人，如果没有大家的带领，我怕是很多东西还不会呢。"

虽然目前的职位与自身专业存在差别，但是漳平努力找到自己的长处。财务专业出身的他，是该公司的市场部专员，除了不断提高业务水平，他还建立起一套更有效的台账，不仅使账目清晰明了，还计算出几个比较重要的指标，不仅有利于市场部工作，还帮助了审计与财务部门。

某次，老板想把漳平调至总部担任某部门主管，漳平委婉地拒绝了："我刚从事销售工作半年多，还有很多东西要学习，我想把基础打牢固，才能更好地为企业建设出力。"

在老板看来，漳平不仅聪明好学，还会给自己合适的定位，从没有骄傲过，也能正确对待身边的赞美声，老板曾说："小漳是个有潜力的员工，将来一定要重用。"

可见，想要令老板成为自己的伯乐，必须处处表现出良好的习惯与较强的能力，这些都能反映一个人的素质与潜力。同让别人引荐相比，老板更相信自己的眼光，由他们亲自发现的人才，更具说服力。面对这样的上司，下属一定要表现出含蓄的态度，抓住机会，适当发挥，切忌隐藏过深，或是表现过度，那么，员工如何在上司面前表现自己呢？

首先，你必须充分了解自己，知晓自己的优势与劣势，同时培养兴趣爱好。如果目前你还对自己一无所知，不妨进行多种尝试，从而了解自己擅长什么、已经达到什么样的水平。

其次，设定切实可行的目标，这是激励自己的重要手段。可以找出一个"假想敌"，然后拿自己与之对比，从而找到需要提高的部分，并了解两者的差距。

还有，拥有良好的忍耐力，努力在任何事情面前都保持冷静。因为淡定的心态能够帮助你营造优良的心理环境，从而更客观地处理工作。在老板看来，拥有此种品质的员工能够更好地处理工作。

此外，正确定位自己同样是衡量员工是否优秀的重要标志，即便有了成绩，也要戒骄戒躁。你不知道的是，老板可能在默默地观察你，当耳边充满赞美，不要因此冲昏头脑，应当冷静对待。另外，还需要做到：

1. 保持健康和积极的学习态度

正因为人才是团队中最宝贵的资源，所以老板更青睐积极学习、努力提高自己的员工。想要对方发现你的优势和潜力，应当保持积极的学习态度。尽管工作很忙，也要安排好时间，抽空为自己“充电”，这时候，老板至少会发现你两个优点：做事高效、有上进心。

此外，保持身体健康也非常重要。如今的社会，竞争压力很大，想要在其中脱颖而出，就必须有健康的身体。正所谓“身体是革命的本钱”，没有这个前提，再高的位置你都坐不住，更别提老板会赏识你，他们需要有能力完成工作的员工，如果员工经常请病假，或是无法胜任某些工作，又如何得到老板的重任呢？

说到健康的身体，员工还需要注意自己的精神状态。试想，当老板走进办公室，看到员工们都死气沉沉的，一个接着一个打哈欠，心里会如何想？这种消极情绪同样容易影响老板，他便懒得去发现员工的潜力，他只会摇头，并对团队感到失望。

相反，当员工以干练的姿态出现在老板面前，情况便会大不相同。老板会认为这个神采奕奕的员工拥有无限工作热情，从身体到心理都是非常健康的，能为今后更好地工作打基础，所以更容易获得老板的信任。

2. 善于处理实际问题，给老板足够的安全感

对于老板来说，他们既然付给员工薪水，就要求员工有解决实际问题的能力，不论分内业务，还是人际交往，都能反映出员工到底有没有潜力。

老板希望员工可以分清工作的“轻重缓急”，然后按顺利完成，并保持冷静的头脑。高效的员工更能打动老板，因为在他们看来，用最少的时间和资源，高质量地完成工作是员工最基本能力的体现。关于人际交往，老板更欣赏善于沟通的人，这是考验员工能否营造双赢局面的重要标志。

3. 知己知彼，随时掌握本行业与其他同行的资料

“竞争”充斥于行业的每一个角落，老板需要掌握更全面的信息，才

能让团队立于不败之地。而团队工作又被细分成若干模块，如果员工也具备这种心态,团队的竞争力就会提高。当员工意识到应当“知己知彼”时，老板就会觉得有人在帮他分担压力和烦恼。

如何做到呢?

不仅要收集整理团队内部资料，还得尽可能掌握更多更准确的团队外部信息，将它们收集后交给老板，目的是供他们参考。

老板通常会认为自己人是有发展潜力的。而愿意帮他们发现问题，并提防问题出现的员工，更能被称之为“自己人”。

老板不会主动来当你的伯乐，而是需要你在其面前展现自己的优势，这是在告诉他:“我是有潜力的。”虽然老板喜欢有独立处事能力的员工，但要掌握好度，否则令其觉得你“威胁”到他的位置，就弄巧成拙了。

读心寄语

- 人人都有潜力，就看你是否愿意挖掘。
- 让老板看到你的潜力。

尾 声

不知不觉,本书的创作已接近尾声。纵然有万般不舍也终须面对别离。世事就是这样，阴晴圆缺再平常不过。

正如老板也是人,他并非你想象中那样完美,更无须将其神化。因为,每个人之间都存在区别，更何况处于领导地位的老板，正因为具备独特的性格，才能成为团队的领头人，面对不同类型的老板，你要做的就是通过充分了解，把握老板内心。有些人说:“我觉得压力很大，老板随时会考验我，做得不好就会被淘汰。”如果可以“掌握”老板的心，情况就会大不相同,不仅成为老板欣赏的员工,自己的能力也会不断得到提高。然而,如何做到这一点，相信阅读到尾声的朋友们已经找到了理想的答案。

但是，我更希望各位不仅是改变与老板相处的方法，而且是从根本上改变对老板的态度——从消极等待转变为主动积极地配合老板，配合公司的运营。在这一过程中，你会渐渐提升工作能力，而老板也会看到你的付出，发现你的潜力，自然而然就会给你相应的回报。

大部分人认为,在企业中,由于层级差异,员工相对而言是弱势群体,表面上看老板等同于权威，而权威总是给人类似于有力量、完美、有距离这样的感受。殊不知，权威有时也是孤独的花朵，当无人理解时，花朵便会渐渐凋谢。老板也需要理解和接纳，权威也需要有人协助完成他的目标和理想。

因此，在本书阅读之旅即将到达终点站时，我衷心希望各位能吸收本书精华，从而更好地与老板相互理解，这会使你们之间的合作更加顺畅。前方，绝不是你和老板关系的“终点站”！